上海文化发展基金会资助项目

药染同源

《本草纲目》里的传统染织色彩

邵旻　著

東華大學出版社
·上海·

晨光中的红花，摄于新疆裕民

本书为2019年度上海市教育委员会科研创新计划·冷门绝学项目
“中国传统服装染色研究与色彩复原”阶段性成果
项目编号：2019-01-07-00-04-E00070

图书在版编目（CIP）数据

药染同源:《本草纲目》里的传统染织色彩 / 邵旻著. —上海：东华大学出版社, 2022.7
ISBN 978-7-5669-2081-2

I.①药…II.①邵… III.①本草—天然染料—染料染色—研究 IV.①TS193.62

中国版本图书馆CIP数据核字(2022)第111221号

责任编辑：吴川灵
装帧设计：腾胜图文
摄　　影：邵　旻
插　　图：储　含

药染同源：《本草纲目》里的传统染织色彩
YAORAN TONGYUAN:《BENCAO GANGMU》 LI DE CHUANTONG RANZHI SECAI
邵　旻 著

出版：东华大学出版社（上海市延安西路1882号，200051）
本社网址：http://dhupress.dhu.edu.cn
天猫旗舰店：http://dhdx.tmall.com
营销中心：021-62193056　62373056　62379558
印刷：上海颛辉印刷厂有限公司
开本：787 mm×1092 mm　1/16
印张：12
字数：318千字
版次：2022年7月第1版
印次：2022年7月第1次印刷
书号：ISBN978-7-5669-2081-2
定价：198.00元

目 录

《药染同源》读后感（代序） / 3

自序 / 5

绪论 / 6

染材 · 染物 / 19

手法 · 流程 / 25

天之玄色：黑色系 / 37

五倍子 / 41　胡桃 / 45　橡实 / 49　乌柏木 / 53　鼠尾草 / 57

地之黄色：黄色系 / 61

郁金 / 65　荩草 / 69　檗木/ 73　小檗 / 73　黄栌 / 77

槐 / 81　柘 / 85　卮子 / 89　山矾 / 93　栾华 / 96

我朱孔阳：红色系 / 99

茜草 / 103　红蓝花 / 107　苏方木 / 115　紫铆 / 123

虎杖 / 127　檀香 / 130

青出于蓝：青色系 / 133

蓝 / 137　蓝淀 / 139　青黛 / 139

相克之色：间色系 / 147

紫草 / 151　鼠李 / 155　丝瓜 / 158

平民之色：褐色系 / 161

椑柹 / 165　赭魁 / 169　菝葜 / 173　鼠麴草 / 177

桑 / 180　牡荆 / 182

后记 / 186

主要参考文献 / 187

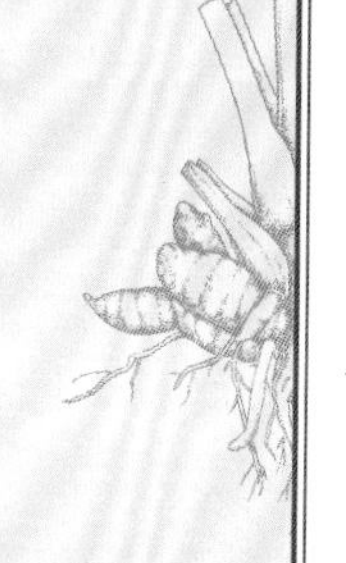

对页图片：苏木染真丝织物

《药染同源》读后感（代序）

2020-2021年，新冠病毒肆虐，我在香港闭关600日，整理完成了200集《本草纲目》健康智慧讲。借此机会，也系统地从博物学的角度对《本草纲目》进行了一次梳理。在学习《本草纲目》的过程中，我更加感受到了李时珍博物学的大格局，更加体会到了当年王世贞为《本草纲目》做序时所说的“兹岂禁以医书觏哉！实性理之精微，格物之通典，帝王之秘箓，臣民之重宝也”的深层含义。

《本草纲目》不仅仅是一部医书，大道明理，格物致知。书中既有帮助帝王治国安邦的大道理，更有写给百姓的一部日常生活实用宝典，达尔文当年也将《本草纲目》比喻为中国古代的一部百科全书。《本草纲目》涉及到了中国人的一天、中国人的一年、中国人的一生，写了世界上每一个人都会面对的生、老、病、死的大问题。书中收录了1892种药，从吃、穿、用谈起，无一不与人们的健康相关。

有这样一句话，叫：一香二茶三药材，这里我还想再加一个，四染料。我们的世界如此丰富多彩，离不开染料的作用。

以靛蓝为例，“青，取之于蓝，而青于蓝”是出自战国时期《荀子·劝学篇》中的名言，这句话讲的就是从蓝草当中提取出靛蓝染料的故事。染料还可做化妆品，因女子用黛画眉，白居易形容杨贵妃的美貌是“回眸一笑百媚生，六宫粉黛无颜色”。这里的“粉黛”代指女子。青黛在中药中也很常用，具有清热解毒、清肝泻火、凉血定惊的功效。李时珍在《本草纲目》中还提供了一个小妙招：“或不得已，用青布浸汁代之。”也就是说，在不得已的时候，可以拿靛蓝染出来的布泡水，代替青黛入药使用。中药青黛的原料常用的十字花科植物菘蓝，根叫板蓝根，叶叫大青叶，叶或茎加工而得的粉末叫青黛，一物出三药，可谓一身是宝。青黛染料最初起源于亚洲，在大航海时代传到了欧洲。当时靛蓝是欧洲稀有的商品，有“蓝金”之称，象征着富有，也是阿拉伯商人从印度进口到地中海国家谋利的一种奢侈品。

一部靛蓝的历史，让我们看到了染料与医药的融合，看到了先民的智慧，看到了东西方的交流，相互渗透、相互促进。除了青黛以外，茜草根、紫草、红花、姜黄、咖啡、茶叶、菠菜叶、芭蕉根、番红花、姜黄、五倍子，赤橙黄绿青蓝紫，不一而足，都是药染同源的佐证。

在学习《本草纲目》的过程中，我有幸结识了上海戏剧学院舞台美术系的邵旻教授。邵教授主攻艺术设计，向她讨教了不少有关染料的问题，并有幸拜读了她还未出版的书稿《药染同源》。

邵旻教授思维活跃、独辟蹊径，有创意、有新意，她从色彩学家的角度，以《本草纲目》里记载的30余种天然染料为切入点进行研究。书中有文献的系统整理，更有深入染坊实地考察的一手资料，图文并茂、深入浅出，既是对中国传统技艺的科普介绍，又是对本草中药物知识的抽丝剥茧。

读邵旻教授的书，好似看到了现代版《本草纲目》与《天工开物》的一个精彩章节。色彩是无声的语言，充满视觉的冲击力与震撼力，书中的图片似一场舞台盛宴，如诗如画，鲜活、靓丽，让读者徜徉于历史的流光溢彩当中。邵教授揉合了科学与艺术，将传承数千年的中药文化与染色文化，从药用的实用功能，上升到美学的高度，在跨学科、跨时空方面做了一次成功的尝试。

《红楼梦》，一百个人可能会有一百种解读法，《本草纲目》也是一样。希望能有更多的有识之士，加盟到《本草纲目》研究的队伍中来，共同发掘、探讨我国古代的这部百科全书，相信一定会有更多新的见解与发现，让这部被列入联合国教科文组织世界记忆名录的世界名著，能在新的时代大放异彩。

《药染同源》先睹为快，写下几笔读书感受，代为序。

赵中振

2022年1月16日于香江之畔

（香港浸会大学中医药学院讲座教授，北京中医药大学特聘教授，《本草纲目》研究所所长。）

自序

面对中国传统色彩文化这个庞大课题，短短数年时间，无论对于理论研究还是彰施实践，都只能算是最粗浅的第一步。随着研究时间的增加，传统色彩里的未知世界变得愈加深不可测，惟有依靠漫长的积累方可有解。

中国古代文献资源极其丰厚复杂，色彩相关内容散落其间，常常会令传统色彩研究者无从下手。除政书、类书、辞书之外，医药、农政、物理、科技、居家等相关文献也应纳入传统色彩研究者的阅读书单。《本草纲目》是中国古代最伟大的中医药巨著之一，书中有关本草染色属性的珍贵记载，对于描绘中国古代染料的整体面貌起到了举足轻重的作用。在中国古代亦药亦染的本草，不仅具有救死扶伤的功效，同时也对中国礼制重要组成部分的色彩具有重要意义。药染同源，体现了中国古人师法自然的博大智慧。

正如《天工开物》所言，造物者劳心，对中国传统染色的研究，须采用理论研究与彰施实践双线并行的方式，才不致断章取义、以偏概全。当下的自然环境与社会环境相较古代大相径庭，我们已无法完全复原古代匠人的染色技艺与所染色彩，但如果能以《本草纲目》为线索，在勾沉索隐的同时日积月累地进行彰施实践，对传统工艺进行溯源、补充、修正与改良，我们便可向古代色彩世界步步接近。

以此陋书，与诸染者共勉。

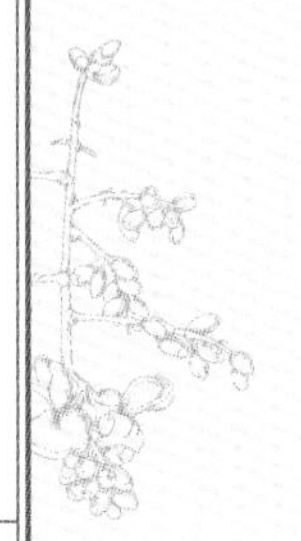

对页图片：从左至右分别为《本草纲目》万历版封面、芥子园版内页与四库全书版内页

绪 论

一、《本草纲目》里的色彩属性

1. 本书所涉版本

《本草纲目》是中国最为重要的中医药古籍之一。"本草"，并非指中国古代药材仅限植物科属，李时珍将中国传统药材分为玉石、草、木、虫、兽，以《本草》为名，是因为诸药中以草类最多。中国自古便有《本草》一书，从上古至元明，李明珍查阅历代诸家本草著作，以药标正名为纲、附释名为目，目随纲举，《本草纲目》因此得名[1]。

作为传统中医药学的首选经典文献，《本草纲目》自明至今版本繁多，不易取舍。本书所摘的《本草纲目》原文内容，是以古籍原文为基础，结合当代《本草》研究专著相关内容编辑而成，其中，古籍文献使用了以下三个版本：明万历二十四年（1596）金陵胡承龙刻本，是《本草纲目》的珍稀明代版本，目前全球仅存六本[2]（资料来源：美国国会图书馆藏电子古籍）；芥子园重订版本，成书时间约为1657年，是清初《本草纲目》的重要版本（资料来源：德国慕尼黑巴伐利亚州图书馆藏电子古籍）；四库全书版本，是清乾隆时期《本草纲目》的重要官修版本（资料来源：鼎秀古籍全文检索平台）。当代《本草》研究专著，则参照了刘衡如、刘山永等编著的《<本草纲目>研究》[3]。

本书所列的染色本草拉丁文名称，摘自以下三个数据库：收录于《中国药典》中作为中药材使用的染色本草，其拉丁文名摘自蒲标网（http://db.ouryao.com）与香港浸会大学图书馆药用植物图像数据库（https://library.hkbu.edu.hk/electronic/libdbs/mpd）；未收录于《中国药典》的其

1 （明）李时珍：《本草纲目》，明万历二十四年金陵胡承龙刻本，美国国会图书馆藏。

2 参见美国国会图书馆主办、联合国教科文组织协办的世界数字图书馆《本草纲目》网页，网址：https://www.wdl.org/zh/item/4678/。

3 刘衡如、刘山永、钱超尘、郑金生编著：《<本草纲目>研究》，华夏出版社2009年版。

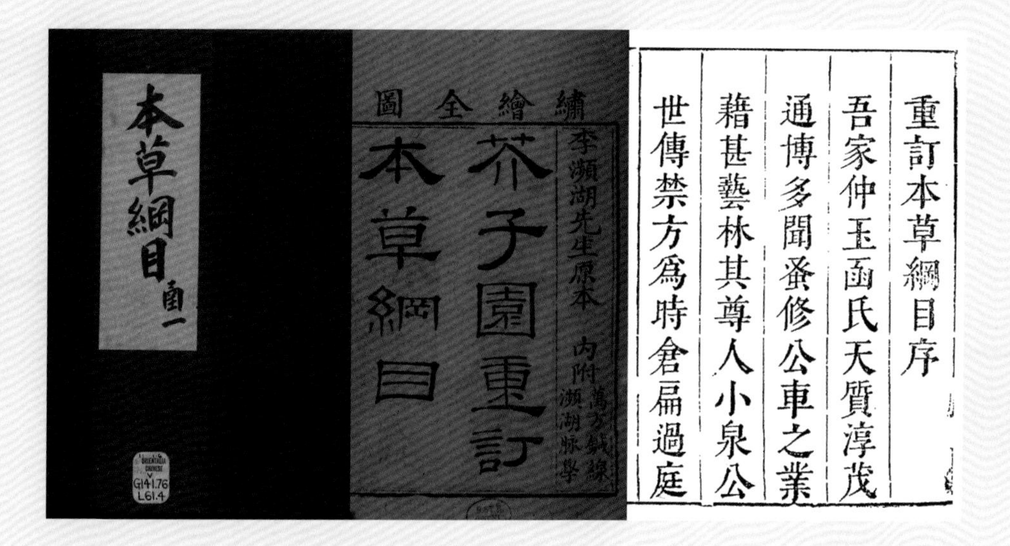

重訂本草綱目序
吾家仲玉函氏天質淳茂
通博多聞蚕修公車之業
藉甚藝林其尊人小泉公
世傳禁方爲時倉扁過庭

他染色本草，其拉丁文名摘自中国科学院植物研究所在植物标本馆设立的专职植物图片管理机构：中国植物图像库（http://ppbc.iplant.cn）。此外，本书中出现的本草图像，除少量标注了来源的图片外，其余均由作者本人拍摄。

2. 本书研究范围

《本草纲目》虽为医书，但李时珍考释性理，列出相关文献中的集解、辨疑、正误，详解土产形状，进而阐述其气味、主治、附方，信息量之大前所未见，如果我们用“格物学”或“博物学”的视角去审视这本中医药巨著时可以发现，这本古老医书里暗藏着另一种重要的中国传统文化符号：色彩。五行五色理论构建了中国传统色彩的等级与礼制体系，而《本草纲目》一书，则从彰施角度出发，揭示了中国古人获取天然色彩的秘密。

中国是最早使用天然染料进行彰施的古代文明国家之一，所用染料分为三类：矿物类（如朱砂）、植物类（如柘木）、动物类（如紫铆），在《本草纲目》中，三类染料分别对应“玉石”“草木”和“虫兽”。这些与人类共生共存的自然资源，在中国古人的敬物精神之下，变成了可医可食可染的本草，体现出中华民族古代文明的卓绝智慧。

《本草纲目》所涉及的“染”主要包含以下四类：一是染食，如染饭、米、饼、馔，是中国古代的食物染色方法。二是染体，如染须、鬓、毛、髭、发、爪、甲，是中国古人令白发黑、修饰容貌的传统方式。三是染物，如染纸、扇、

皮、靴、毛罽等，是中国传统文房与饰物的上色方法。四是染织，或染线（先染后织）或染帛（先织后染），是中国古代重要的织物彰施手段。本书的研究范畴集中于第四类——中国传统染织色彩，也就是指，采用化学或物理方式，使天然染料附着于织物纤维之上并使之着色。

二、《本草纲目》里的染织色彩概述

《本草纲目》中有六个部分涉及染色，除在金石部出现的媒染剂外，草部、菜部、果部、木部、虫部中均明确记录了可用于染色的本草。更有甚者，随着某些本草的染色功能得到越来越广泛的应用，其药理应用开始减弱，治疗功能逐渐被染色功能所取代，如栀子、紫草等。

1. 本草染料的分类

《本草纲目》里的染料主要分为三大类：矿物类、植物类与动物类。可用于染家的金石，基本都是作为媒染剂来使用的；可用于染色的植物染料，分布于草部、菜部、果部和木部中；可用于染色的动物染料，分布于虫部中。

金石部中，铅丹、铁砂、石灰、冬灰、针砂、铁落、铁浆、白矾、皂矾、绿矾等可作入染家用。

草部中，紫草根可染紫，蝉肚郁金根可染（黄），姜黄浸水可染，红蓝花可染真红，山燕脂花可染（绯），鼠曲草花杂榉皮可染褐，鼠尾草茎叶可染皂，狼把草与秋穗子并可染皂，木蓝、蓼蓝、菘蓝、马蓝、吴蓝茎叶可染青碧，虎杖根可染赤，荩草可染黄与金色，菝葜根叶可染，茜草根可染绛染绯，紫衣昨叶何草可染褐。

菜部中，落葵结实可染绛（但久则色易变），丝瓜叶取汁可染绿。

果部中，椑柿可染，胡桃青皮可染黑，胡桃树皮煎水可染褐，橡实壳煮汁可染皂，都念子果实可染。

木部中，紫檀可染物，小檗枝可染黄，黄栌木可染黄，槐花未开时炒过煎水染黄甚鲜，栾华花南人以染黄甚鲜明，苏方木可染绛，檰木可染绛，乌臼（柏）叶可染皂，桑白皮煮汁可染褐，柘木染黄赤色（谓之柘黄，天子所服），山矾叶可染黄，栀子实可染黄，红栀子实可染赭红，鼠李嫩实取汁可刷染绿色，冬青叶可染绯，荆茎煮汁可染，乾陀木皮可染僧褐，黄屑可染黄。

虫部中，紫铆可染正赤，五倍子可染皂色。

2. 染织色系的构成

五行是中国古代重要的哲学体系，水、火、木、金、土[1]五种基本物质运行变化，分位于地为五方，发于文章为五色[2]。中国古代手工艺者再以五采彰施于五色[3]，形成以五正色、五间色为中心的宫廷色彩体系。历代色彩制度与禁色令

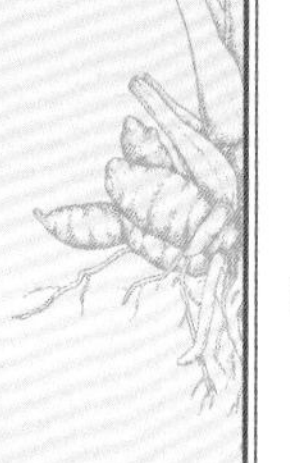

1 （汉）孔安国传、（唐）陆德明音义、孔颖达疏：《尚书注疏》，明嘉靖福建江以达刻版，美国哈佛大学图书馆藏，第 12 卷，第 7 页。

2 （明）杨慎：《丹铅总录》，明嘉靖三十三年梁佐校刊本，美国哈佛大学图书馆藏，第 1 卷，第 10 页。

3 《尚书注疏》，第 5 卷，第 6 页。

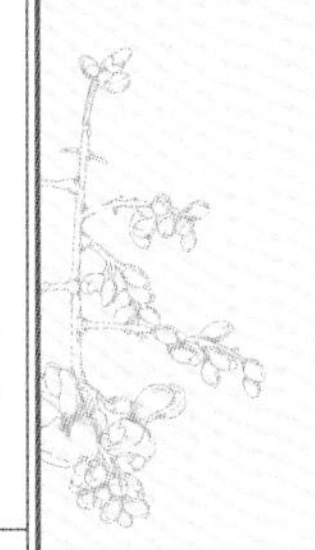

都严格规定了色彩等级，而百姓的衣着色彩只能以杂色为主。

《本草纲目》的染织色彩体系主要集中于正色、间色和杂色三大类别。正色有皂、黑等黑色系，黄、金、黄赤等黄色系，赤、绯、绛、正赤等红（赤）色系，以及青色系。间色有紫色系与绿色系，杂色有褐色、赭红、僧褐色系等。

3. 染织工艺的流程

汉字“染”架构了彰施的基本工艺：“染”字从水、从木、从九[1]，从水是指在水里染色、漂洗，从木是指染料多为草木，从九是指所染之色随染色次数的增加变得深而浓。作为中医药著作，《本草纲目》对染色工艺的描述少之又少，但这些散落在各个章节的只字片语，对于传统色彩的研究者来说，已是非常重要的线索。《本草纲目》中记载了以下六种传统染色工艺：

取汁涂染。将染料捣碎取汁，直接涂染在织物上，染色过程较为简单。根据《本草纲目》的记载，落葵的果实、丝瓜的叶子、鼠李的嫩实、都念子的子、椑柿的果实都可用来捣汁染色。

浸水煎煮染色。将本草放入水中高温煎煮，用所得提取液进行染色，是最主要的天然染色工艺。根据《本草纲目》的记载，橡实壳、郁金根、荩草、槐花、胡桃树皮、桑木皮、姜黄、牡荆、紫檀均可浸水煮汁进行染色。

混合染料染色。将两种以上的本草混合在一起进行染色，既可使所染色调更加明确，也可使所染之色更加牢固。根据《本草纲目》的记载，狼把草与秋穗子一起可染皂色，鼠曲草花加榉皮可以染褐，至破犹鲜。

媒染。媒染是指在染色过程中，借助各类矾石或金属，使色彩得以实现。《本草纲目》中可用于染色的矾石有白矾、绿矾（皂矾）、黄矾，可用于染色的金属有铁浆、针砂、铁落、铁浆，均用于染皂。同时，将灌木类的山矾叶烧灰，可替代矾石用作染紫。

制靛。将蓝草制靛是染青色的重要流程，《本草纲目》中记载了传统的制靛过程。在用蓝靛染色的过程中，碱性助剂起着关键作用。根据《本草纲目》记载，用藜灰、青蒿灰、柃（一作苓字）灰等烧成的冬灰可用于浸蓝靛，橉木木灰

1　《尚书注疏》，第 5 卷，第 6 页。

可入染家用。

制饼。将新鲜红花去黄、过酸、捏饼或晒干，可最大限度地保存新鲜红花中的红色素，同时压缩体积减轻重量，便于储存与运输，在这个过程中，红花仍可进行微发酵，更好地实现黄色素向红色素的转变。《本草纲目》中详细记载了红花的制饼工艺。

三、《本草纲目》里的染织色系

1. 天之玄色：黑色系

玄色为象天之色，与黑同义，在中国古代色彩体系中处于最高等级。染匠需层层浸染才能获得更深更浓的黑色，工艺难度很高。《本草纲目》中几乎用“皂”字来代表黑色，皂通阜，意为黑色，因称柞实为阜斗，其房可染黑，故俗称黑色为皂[1]。同时，染黑须以皂矾为媒染剂，因此“皂”字显得更为贴切。《本草纲目》中的草部、果部、木部与虫部共记载了六种黑色染料。

草部黑色染料鼠尾草，又名葝草、山陵翘、乌草、水青，在《本草纲目》中属隰草，茎叶可染皂色。

草部黑色染料狼把草，又名郎耶草，在《本草纲目》中属隰草，与秋穗子一

1 （明）宋濂：《篇海类编》，北京大学图书馆影印古籍，第 17 卷，第 4 页。

起可染皂色及染鬓发。

果部黑色染料胡桃，又名羌桃、核桃，在《本草纲目》中属山果，原产于羌胡，由汉代张骞出使西域时带回。胡桃果皮为青色，可染黑色及染髭发。

果部黑色染料橡实，又名橡斗、皂斗、栎梂、柞子、芧、栩，在《本草纲目》中属山果，其斗刓剜象斗，煮汁可染皂色。

木部黑色染料乌桕木，又名鵶臼，在《本草纲目》中属乔木，叶可染皂。

虫部黑色染料五倍子，又名文蛤、百虫仓、百药煎，在《本草纲目》中属卵生，将其壳皮加工成百药煎，可染皂色。

2. 地之黄色：黄色系

黄色代表地，同时也是中央之色。虽然可染黄色的本草在自然界中数量较多，黄色的获取并不十分困难，但由于黄色在五行中具有特殊地位，因此自唐以降，黄色逐渐脱离官民生活，成为帝后的专用色彩。《本草纲目》中的草部与木部共记载了九种黄色染料。

对页图片：煮染新鲜荩草，摄于申凯旋蓼蓝工作室

草部黄色染料郁金，又名马术，在《本草纲目》中属芳草，其中蝉肚郁金的根圆如蝉腹，可浸水染色，染妇人衣最为鲜明。《尔雅翼》记载，用郁金根和酒令黄如金。

草部黄色染料荩草，又名黄草、菉竹、菉蓐、莀草、盭草、王刍、鸱脚莎，在《本草纲目》中属隰草，此草为绿色，可煮染黄色、金色，色极鲜好。

木部黄色染料小檗，又名子柏、山石榴，在《本草纲目》中属乔木，皮黄，锉枝可以染黄。

木部黄色染料黄栌，在《本草纲目》中属乔木，叶圆木黄，可染黄色。

木部黄色染料槐，又名櫰，在《本草纲目》中属乔木，槐花未开时状如米粒，炒过煎水染黄，甚鲜；染家将之水煮作饼，染色更鲜也。

木部黄色染料栾华，在《本草纲目》中属乔木，南方人用栾华的花染黄，甚鲜明。

木部黄色染料柘，在《本草纲目》中属灌木，其木可染黄赤色，被称为柘黄，天子所服。

木部黄色染料山矾，又名芸香、椗花、柘花、瑒花、春桂、七里香，在《本草纲目》中属灌木，叶可染黄。

木部黄色染料黄屑，在《本草纲目》中属杂木，可染黄。

3. 我朱孔阳：红色系

赤色为南方之色，同时也是《本草纲目》作者李明珍所处明朝之尚色，地位十分重要。从明代开始，“赤”字字义逐渐被“红”字代替。传统的矿物性红色染料丹砂，毒性较大且加工不易，在本书中已不作为织物染料使用，取而代之的是草部、菜部、木部与虫部的八种植物性与动物性红色染料。

草部红色染料虎杖，又名苦杖、大虫杖、斑杖、酸杖，在《本草纲目》中属隰草，茎为赤色，有细刺，可染赤。

草部红色染料红蓝花，又名红花、黄蓝，在《本草纲目》中属隰草，侵晨采花捣熟，以水淘，布袋绞去黄汁又捣，以酸粟米泔清又淘，又绞袋去汁，以青蒿覆一宿，晒干，或捏成薄饼，阴干收之，可染真红。

草部红色染料茜草，又名蒨、茅蒐、茹藘、地血、染绯草、血见愁、风车草、过山龙、牛蔓，在《本草纲目》中属蔓草，根可染绛、绯、红色。

菜部赤色染料落葵，又名蒸葵、藤葵、藤菜、天葵、繁露、御菜、燕脂菜，在《本草纲目》中属菜部，实揉取汁可染布，但久则色易变。

木部红色染料苏方木，又名苏木，在《本草纲目》中属乔木，木可染绛色。

木部红色染料橉木，又名橝木，在《本草纲目》中属乔木，木灰可入染家用，木可入染绛用。

木部红色染料冬青，又名冻青，在《本草纲目》中属灌木，叶堪染绯。

虫部红色染料紫铆，又名赤胶、紫梗，在《本草纲目》中属卵生类虫，折漆可染正赤色，被称为蚁漆赤絮，已很少用于医家。

4. 青出于蓝：青色系

青色为东方之色，与其他色彩不同，所有染青色的本草都被统称为蓝草，在《本草纲目》中属隰草，共分为五种：蓼蓝、菘蓝、马蓝（又名大叶冬蓝）、吴蓝、木蓝（又名槐蓝），其茎叶可染青。染青时需先将蓝草制成蓝靛，五种蓝草虽科属不一，但制靛后效果相似。制靛时先要掘地作坑，刈蓝浸水一宿，入石灰搅至千下，澄去水，制成青黑色的蓝靛，可染青。也可干收，用以染青碧。

5. 相克之色：间色系

五行相克形成五种间色，分别是红（火克金）、碧（金克木）、绿（木克土）、紫（水克火）、流黄（土克水）[1]。其中，碧色由蓝草薄染而成，红色由赤色染料薄染而成，流黄在各类文献中鲜有提及，而紫、绿两色，在《本草纲目》中均有相应的染色本草，共计三种。

草部紫色染料紫草，又名紫丹、紫芙、茈莀、藐、地血、鸦衔草，在《本草纲目》中属山草，根可染紫色，已不用于方药。

菜部绿色染料丝瓜，又名天丝瓜、天罗、布瓜、蛮瓜、鱼鰦，在《本草纲目》中属菜部，取叶汁可染绿。

木部绿色染料鼠李，又名楮李、鼠梓、山李子、牛李、皂李、赵李、牛皂子、乌槎子、乌巢子、椑，在《本草纲目》中属灌木，嫩实可取汁刷染绿色。

1 《丹铅总录》，第13卷，第4页。

6. 平民之色：杂色系

受到正色与间色的严格控制，传统平民之色基本处于赭褐色系范围之内，如枣褐、椒褐、明茶褐、暗茶褐、艾褐、荆褐、砖褐等[1]。《本草纲目》中的草部、果部与木部共记载了六种褐色染料。

草部褐色染料鼠曲草，又名米曲、鼠耳、佛耳草、无心草、香茅、黄蒿、茸母，在《本草纲目》中属隰草，开黄花，山南人称之为香茅，鼠曲草花加榉皮可以染褐，至破犹鲜。

草部褐色染料昨叶何草，又名瓦松、瓦花、向天草、铁脚婆罗门草（赤色）、天王铁塔草，在《本草纲目》中属草部苔类，其中紫衣堪染褐。

果部褐色染料胡桃，又名羌桃、核桃，在《本草纲目》中属山果，原产于羌胡，由汉代张骞出使西域时带回。胡桃树皮煎水可染褐。

木部褐色染料桑，子名椹，在《本草纲目》中属灌木，将木皮煮汁染褐色，久不落。

木部褐色染料红栀子，在《本草纲目》中属灌木，出产于蜀中，花为红色，实可染赭红色。

木部褐色染料乾陀木皮，在《本草纲目》中属杂木，可染僧褐。

1 （明）刘基：《多能鄙事》，明嘉靖四十二年范惟一刻本，第 4 卷，第 24-26 页。

7. 未注明色彩

在《本草纲目》中还列出了数种可用于染色的本草，但在书中未标注所染之色。通过其他文献记载以及染色实践，可以获知所染色彩。

栀子，又名木丹、越桃、鲜支，在《本草纲目》中属灌木，九月采摘其实，入染家用，很少用于药用。《物理小识》中记载，栀子可以染制黄色，但日久容易褪色，不如槐花、黄栌或黄檗的染色效果好[1]。通过染色实践可以发现，栀子作为直接型染料，可染出明黄色调。

都念子又名倒捻子，在《本草纲目》中属夷果，南中女性用来染色。在《广东新语》一书中记载，都念子的子捣汁可染，颜色若燕脂色[2]。因没有获得染色原料，笔者尚未对其进行染色实践。

1　（明）方以智：《钦定四库全书·物理小识》，浙江大学图书馆影印古籍，第 6 卷，第 42 页。
2　（清）屈大均：《广东新语》，清康熙水天阁刻本，第 25 卷，第 35 页。

椑柿又名漆柿、绿柿、青椑、乌椑、花椑、赤棠椑，在《本草纲目》中属山果，捣碎浸汁被称为柿漆，可以染罾、扇等。《光绪澎湖厅志稿》中记载，椑柿所染之色为赭红色[1]；日本吉岗幸雄监修的《自然の色を染ぬゐ》书中图例所示，椑柿所染之色为褐色[2]；通过染色实践可知，可通过刷汁日晒的方式用椑柿染褐红色。

牡荆又名黄荆、小荆、楚，在《本草纲目》中属灌木，荆茎煮汁堪染。《多能鄙事》的“染艾褐”与“染荆褐”[3]均用荆叶染成，通过染色实践可知，牡荆可通过皂矾媒染获得褐色。

菝葜又名金刚根、铁菱角、王瓜草，在《本草纲目》中属蔓草，入染家用。通过染色实践可知，菝葜经煮染后可染制浅赭色。

赭魁在《本草纲目》中属蔓草，有汁赤如赭，可染皮制靴。《民国平阳县志》记载，赭魁根可染布作赭色[4]。通过染色实践可知，赭魁绞汁可染制浅赭色，煎者可染制赭红色。

紫檀又名旃檀、真檀，在《本草纲目》中属香木，新者色红，以水浸之可染物。通过染色实践可知，紫檀可染制红赭色。

8. 未注明可染

在《本草纲目》中还记载了一类非常特殊的本草，书中并未标注其具有染色功能，更未提及所染之色，但通过其他文献记载可知，以下本草也是中国古代十分常见的染色植物。

姜黄又名莲、宝鼎香，在《本草纲目》中属芳草。《植物名实图考》中记载，江西南城县广种姜黄，以贩他处染黄[5]。通过染色实践可以发现，姜黄作为直接型染料，可染出鲜亮的中黄色调。

1 （清）林豪：《光绪澎湖厅志稿》，清光绪十九年刊本，第15卷，第1251页。原文为：“无罪人多着赭衣，渔人以柿漆染衣色红。”

2 ［日］吉岗幸雄、福田传士监修：《自然の色を染ぬゐ》，紫红社1996年版，第168-173页。椑柿在书中名为涉柿，生涉柿与柿涉均可染褐色。

3 《多能鄙事》，第4卷，第25页。

4 符璋、刘绍宽：《民国平阳县志》，民国十四年铅印本，第15卷，第6页。

5 （清）吴其浚：《植物名实图考》，清道光二十八年陆应谷刻本，第25卷，第41页。

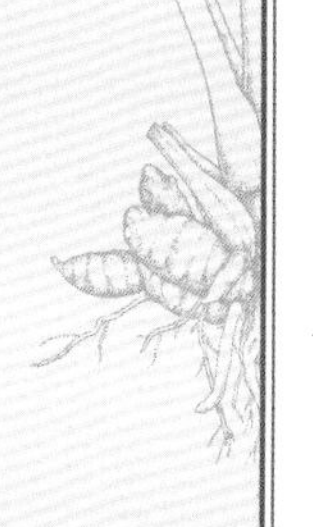

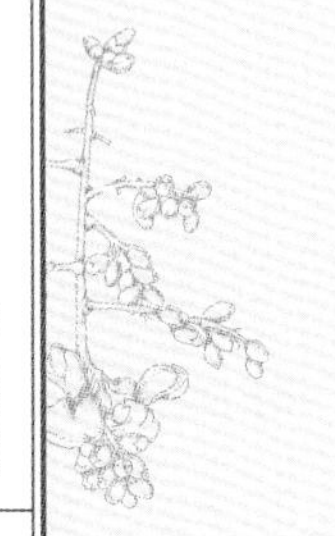

地黄又名苄、芑、地髓，在《本草纲目》中属隰草。《齐民要术》中记载了用地黄染御黄色的具体工艺，将地黄根捣烂，加入草木灰后染制黄色，三升地黄根大约能染一匹御黄色绢[1]。通过染色实践可以发现，新鲜地黄经草木灰处理后，可染出金黄色调[2]。

海红又名海棠梨，在《本草纲目》中属山果，即《尔雅》中的赤棠。《齐民要术》记载，八月摘采棠叶，晒干后用以染制绛色[3]。因没有获得染色原料，笔者尚未对其进行染色实践。

栗又名笃迦，在《本草纲目》中属五果，苞生多刺如毛，九月霜降后苞裂子坠，子有房。莲实又名藕实、菂、薂、石莲子、水芝、泽芝，是莲房之蜂子，在《本草纲目》中属水果。栗苞与栗房、莲房与莲子壳，均可用于染皂，《天工开物》中记载，用栗壳或莲子壳经铁媒染后，可染制包头青色（深黑色）[4]。通过染色实践可以发现，栗壳与莲子壳经皂矾媒染后，可染出从灰至黑的色调。

茗又名苦茶、槚、蔎、荈，在《本草纲目》中属味果，春生嫩叶可饮。《居家必用事类全集》中记载，“红茶染铁浆轧之”可染砖褐色[5]。通过染色实践可以发现，经采蒸揉焙后的各类茶叶均可用于染色，经明矾媒染后可获得卡其色至浅咖色系，经皂矾媒染后可获得由浅至深的褐色系，茶种不同，色调也会略有区别。为了减少浪费，建议使用修树之茶枝及茶碎等下料用于染色。

安石榴又名若榴、丹若、金罂，在《本草纲目》中属山果，《多能鄙事》中记载，酸石榴皮可与皁斗、黑豆染皁巾纱[6]。通过染色实践可以发现，石榴皮经明矾或皂矾媒染后，可染出黄色或黄褐色调。

1 （魏）贾思勰：《齐民要术》，学津讨原本，第3卷，页数不详。
2 邵旻：《明代宫廷服装色彩研究》，东华大学出版社2016年版，第119页。
3 《齐民要术》，第5卷，页数不详。
4 （明）宋应星：《天工开物》，明崇祯十年涂绍煃刊本，第3卷，第50页。
5 （元）佚名：《居家必用事类全集》，明隆庆二年刊本飞来山人刻本，庚集，第43页。
6 《多能鄙事》，第4卷，第26页。

染材·染物

天然染色是一项入门看似浅易，但精进非常深难的传统手工艺，从一口热锅、一把本草的染色爱好者，进阶至包括种植、选材、养缸、对比、田野调查、文献研究等在内的全流程专业染者，过程极其漫长。惟有依靠月积年累的彰施实践与文献查阅，方能步步接近古人的色彩世界。

在探索古法彰施技艺的过程之中，首先需要确保一点：选择高品质的染材与染物，这是奢侈的天然色彩得以完美呈现的基础条件。

一、染材

在中国传承了数千年的天然染色技艺，随着百余年间化学染色技术的发明与发展，迅速消失在人们的视野中。原本，传统染材市场也将随之萎缩甚至消亡，但因为中国古人药染同源的智慧，这些神奇的本草在失去染用功能的同时，依然向人类贡献着延续数千年的药用与食用功能，染材的需求市场得以延续，因此，当下的天然染爱好者与研究者，依然能够幸运地从中药商店购得天然染材。从这个视角来看，中医文化与中药种植的传承发展，是中国传统染色技艺在断层后得以重建的重要前提。

对绝大多数染者来说，中药商店是购买本草染材的主要来源，换言之，中草药的品质将直接影响天然色彩的呈现。如今，中药材的野外生长已基本被人工种植所替代，生长周期缩短、品质良莠不齐，正所谓“染材好，染才好”，传统染色研究者不能只停留于技术层面，必须从染材的源头抓起，对其性状、产区、品类、等级一一作深入了解，筛选更为优质的染材。如果没有高品质染材作为基石，传统色彩的再现将无从谈起。

1. 野生与速生

对于本草染材来说，生长环境、生长时间与生长速度，都与色素的积累密切相关，同样的染材，野生与速生植株的品质差异非常显著。以研究为目的的传统

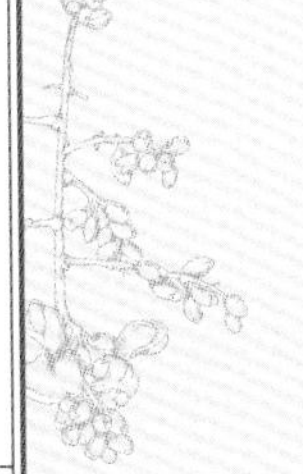

染色所需染材并不多，对染者而言，尽可能通过合法渠道获得品质上佳的染材样本，是保证染色质量的重要前提。

以苏木为例，《本草纲目》等医书十分强调真苏木、沉重苏木的重要性，若得中心纹横如紫角者，将增百倍功力。明代尚红，苏木的染色需求呈几何倍数增长，但野生苏木的生长速度十分缓慢，根本无法满足来自染材市场与药材市场的双重需求。因此，最晚从清代起，人工栽培便成为获取苏木的全新方式，种植期至少为10年，方能用于染色；而野生苏木常有百余年，效果更佳[1]。从野生变为家种后，苏木的生长速度由原来的七年生苗高4米、胸径3.5厘米，增速至五年生苗高6米、胸径5厘米[2]。与速生苏木相比，野生苏木具有白皮少、色泽深、直径粗、密度大等外观特点。我们可以想象，在中国古代，进贡的野生苏木与本地的速生苏木，其染色与药性品质均存在着明显差异。现今中药商店所用苏木，多采购自广西、广东、海南等地的种植者，野生苏木的使用已十分少见。

野生与速生并非判断染材品质的绝对标准，但染者须溯本求源，对本草染料的各项性状了然于胸，方能更好地判断染材品质。

2. 鲜品与干品

染者从中药商店购得的药材均为干燥本草，但如果这些本草是作为染料来使用的，那么干燥、切片、蒸熏等药材炮制手段，就不一定完全适用了。对于某些必须使用鲜品进行预处理的染材，染者需通过中药商店之外的渠道进行采购。比如，用地黄染制御黄时，需将新鲜地黄捣烂[3]，但中药商店出售的是干燥片状的生地黄或熟地黄；制作红花饼时，需将清晨采摘的新鲜红花捣烂并绞去黄汁，不能使用中药商店所售的干燥红花；制作靛泥时需将新鲜蓝草叶浸泡沤烂[4]，制作柿漆时需将新鲜椑柿捣烂绞汁，中药商店均无售。

在中药商店购买干燥染材虽然是有效而便捷的方式，但染者还需根据古法染色工艺，通过其他渠道获得所需染材。或者深入种植产地，及时处理新鲜染材；

1 （清）瞿云魁纂修：《乾隆陵水县志》，清乾隆五十七年刻本，第1卷，页数不详。
2 云南省药材公司编：《云南药材精选》，云南科学技术出版社1994年版，第150页。
3 《齐民要术》，第3卷，页数不详。
4 同上，第5卷，第20-21页。

或者在自然条件与居住环境允许的情况下，自己种植染材；或者直接购买种植区域加工好的半成品，比如从西南地区采购靛泥，建缸染色。无论采用何种方式获得染材，染者都需对染材的品质加以了解与管控，以保证天然色彩的准确呈现。

3. 原状与粉状

染者在中药商店购得的染材，是作为传统草药来出售的。根据不同的中草药炮制手法，这些染材通常呈现原状、块状、段状或片状。但在实际染色过程中我们不难发现，如果没有将染材进行削刨、切碎或打粉，而是以药材的形态直接进行煮制，对于部分染料（尤其是木本染料）来说，无论是在染料的浸润还是析出阶段，都很难充分提取出染材中的色素，从而导致原料的浪费。

在购得染材后，染者可以根据其特性，将其预先加工成粗粉状再进行染色，测算染液浓度时也以粗粉状染材重量作为比例标准。适于预加工成粉状的染料有郁金、姜黄、虎杖、茜草、胡桃青皮、橡实壳、紫檀、黄檗、黄栌、苏木、柘木、栀子、五倍子等。事实证明，使用预加工后的染材，可明显缩短煮料时间，提高呈色质量与染料使用率。

染材在经过加工后会加速氧化，对于易氧化、铁敏感的染材，在预加工时一定要避免触碰铁器并尽快使用，余料也应密封避光保存，以免变质。

二、染物

与天然色素配伍的天然纤维，基本可分为纤维素纤维与蛋白质纤维。自然界存在众多的天然纤维可供染色，与天然色素的默契程度也各有不同。在中国古代染织史上，天然蚕丝与天然染料同为奢侈品，两者的配伍相得益彰，在漫长的工艺发展进程中，形成了不同于其他文明古国的丝绸色彩文化。

1. 纤维素纤维与蛋白质纤维

传统天然纤维主要可分为两大类，棉、麻、葛、树皮等属于纤维素纤维，丝、毛等属于蛋白质纤维。总体来说，天然色素在纤维素纤维上的染色效果，远

对页图片：从左至右分别为手缫手织生绢、手缫熟丝丝线、白厂丝（生丝）、精练真丝横罗

逊色于蛋白质纤维（靛青、涩柿等少量染材除外）。

在纤维素纤维中，草棉与木棉均为外来物种，原产于印度的木棉直至南宋时期才在我国得到大面积推广[1]，成为重要的经济作物，而彼时，天然染色已在中国古代盛行数千年。麻、葛、树皮类纤维的上色难度高，且在中国古代服饰史中多用作平民衣料，因此很少有鲜艳的着色。

在蛋白质纤维中，以羊毛为代表的毛革类面料是北方游牧民族的特色染物，风格质朴保暖性强，多用于冬衣，但羊毛在湿热的南方极易虫蛀，难以保存。而蚕丝作为中国古代物质文明的精髓，代表着具有“丝绸之国”美誉的中国，光泽迷人、着色性强，是中国古代染织史上最为主要的天然染织面料。

因此，本书染色图例所用染物，以丝织品为主、毛织品为辅，偶用纤维素织品，旨在尽可能接近传统染物。

2. 生丝、熟丝与绢丝

蚕丝主要由丝素与丝胶构成。根据蚕所食之叶品种不同，可分为家蚕丝（桑蚕丝）与野蚕丝（柞蚕丝、蓖蚕丝等）两类，本书所用蚕丝，除极少部分使用柞蚕丝外，大多使用桑蚕丝。而根据不同的练丝与制作工艺，市售丝织品主要有以下几类：生丝、熟丝、绵丝、绢丝与䌷丝。

生丝采用缫丝方式制成，尚未或稍微经过脱胶处理，蚕丝纤维所含蛋白胶质较多，质地硬挺，可用于织造生绢、绡、纱罗等织物。熟丝也采用缫丝方式制成，经过脱胶、精练、软化处理，去除了蚕丝纤维中的胶质与杂质，柔软而有光泽，可用于织造从雪纺至缎等各种厚度的织物。生丝与熟丝属于天然长丝，是本书染色图例所用的主要染物，其中生丝的着色性能最佳，在同等条件下可染出比熟丝更深的色彩。

绵丝、绢丝与䌷丝，是将无法缫丝的残次蚕茧下料，借助机械或化学方式加工而成，可用于织造绵绸等织物。短丝的加工方式不稳定，外观差异大，多有结节，除个别案例外，基本不作为本书染色所用。

1 华梅：《中国历代＜舆服志＞研究》，商务印书馆 2015 年版，第 296-297 页。

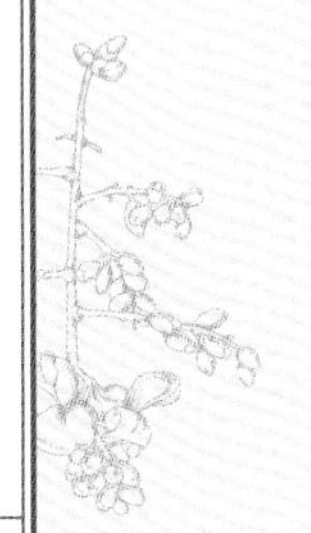

3. 染丝线与染丝绸

染丝线与染丝绸，分别对应了中国传统染织史上的先染后织与先织后染两种基本染色流程。相较而言，先染后织的难度更大、工艺更为复杂，也更为上品[1]，对于经纬纱需用不同色彩的特殊织物（如彩缎、艾特莱斯丝等）来说，必须采用先染后织的织造工艺，除此之外，绝大部分织物都可采用较为简单的先织后染工艺。

染色丝线，一方面可用于多色纹样的经纬织造，另一方面可用于缂丝、纳纱、刺绣等特殊纤维工艺，同时又可作为染色色样进行存档管理。染丝线与染丝绸的流程虽然基本相同，但染色技巧与细节手法略有差异。本书所用真丝染物，包括生丝线、熟丝线、生丝面料、半生半熟面料、熟丝面料五类。

4. 精练与白度

练丝是通过煮沤生丝，除去蚕丝上的丝胶及其他杂质，使其成为熟丝[2]的过程。练丝工艺源于周代，是中国传统的丝织物预处理流程，延续至今。将生丝练成熟丝后，丝制品会变得更加白滑、柔软。

在桑蚕基因变化与化学精练工业的双重作用下，如今白厂丝的杂质相较古代已大为减少，丝绸的白度相较古代也已大为提高。在本书所涉及的染色实践中，由于无法从源头避免化学精练工艺的干预，因此在选择丝线与丝绸样本，以及决定所染色彩的深浅时，尽可能将蚕丝在染色前的精练程度与外观白度考虑在内。样本中既包括手缫手织的生绢（白度最低）、作坊精练的熟丝（白度中等），也包括来自西北与江南的白厂丝（白度稍高），以及出口日本的精练真丝面料（白度最高）。

1　（清）陈梦雷辑、蒋廷锡校补：《古今图书集成》，民国二十三年中华书局影印，经济卷考工典第 9 卷，第 781 册，第 45 页。

2　《篇海类编》，第 17 卷，第 28 页。

手法·流程

确定染材与染物以后，染液温度、浓度、时间、酸碱、媒染等彰施工艺中的诸多细节，都将成为影响色彩呈现的重要变量。唯有依靠大量的实践，才能找到某种变量的最佳显色规律；而将这些规律碎片拼合在一起，天然染色才有可能进入一个有序、可控的状态。

因此，在染色前，要精心规划染色手法与流程；在染色时，要细心观察各项变量带来的色彩变化，使之成为下次染色的经验或参照；在染色后，更要用心呵护染物，使色彩的保存期更为长久。持之以恒，方可精进。染色是一项复杂的大工程，只有仔细规划、认真执行从染前至染后的每一个细小步骤，才有可能获得理想中的古老色彩。

一、染色手法

天然染料中的色素类型与色素析出方式各有不同，相对应的染色手法也各有不同。《本草纲目》所涉染材的常用染色手法有绞汁法、煎煮法、制靛法、酸碱法、日晒法等。

1. 绞汁法

将新鲜染材取汁作为染液，一般为富含汁液的果部、叶部与根部。如果直接将色汁涂抹在织物上，多数情况下色不浓或色不牢，常常只用于妆品与食品染色，如《本草纲目》中“南中妇女多用染色”的都念子、“女人饰面、点唇及染布物”的落葵、“其叶取汁可染绿”的丝瓜。用于织品染色时，采用绞汁手法的主要有以下几种染材。

采摘新鲜的蓼蓝枝叶并进行绞汁，可在蚕丝或羊毛织物上染出浅碧色，与制靛所染青色相比，呈色较浅、色相偏冷，需多次上色方可获得深碧色；采摘新鲜的椑柿果实，捣烂绞汁，既可直接涂抹在织物上，也可将汁液储存转熟后再进行

染色，所染之物需经过长时间日晒，颜色方可氧化加深，逐渐由卡其色转为褐红色；挖取新鲜的薯莨根，切碎绞汁，或刷汁或浸染或用泥浆媒染，经日晒后颜色变深，成为色彩独特、手感滑爽的香云纱；用地黄染制御黄时，需将新鲜地黄捣碎、拌入草木灰后，方可取汁染色。

2. 煎煮法

像处理中草药一样，将染材浸水、煎煮，制成染液后进行染色。煎煮法是最为常见的获取染液的方式，适用于大多数染材。煎煮染材的流程与煎煮中药相似，首次加水熬煮后获得浓郁的头煎染液，再次加水熬煮后获得稀清的二煎染液。根据《本草纲目》的记载，橡实壳、郁金根、荩草、槐花、胡桃树皮、桑木皮、姜黄、牡荆、紫檀均可浸水煮汁进行染色。

（1）无媒染与媒染

无媒染是指色素可直接附着于织物纤维，通过煎煮、浸染、清洗、干燥后便可在纤维上有效着色，如栀子、姜黄、郁金等。

对页图片：将新鲜薯莨切开后，汁赤如赭

媒染是指色素需要与矾石或金属中的铝、铁等金属离子相结合，才能进行显色与着色，也就是说，需在染液浸染的基础上加入“媒染液浸染”这一工序，方可实现纤维的着色。《本草纲目》中记载的矾石类媒染剂有白矾、绿矾（皂矾）、黄矾；金属类媒染剂有铁浆、针砂、铁落、铁浆（均用于染皂）；如将灌木类的山矾叶烧灰，可替代白矾用作媒染剂。荩草、苏木、槐花，以及用于染黑的本草染材，如五倍子、橡实、核桃皮、莲房等，均为媒染型染料。

某些染料兼具无媒染与媒染特征，如柘木既可直接染成黄色，也可铁媒染成绿褐色。

（2）单味染与混合染

为了更好地控制色调呈现的准确性，在绝大多数情况下，染者使用单味染材进行煎煮，如需染制复合色彩时，通常会以浅色为底，盖以深色。但在实际操作时，染者如果能深谙染料之间的特性、色调、比例，可将两种以上的染料混合煮染，《本草纲目》中记载，狼把草与秋穗子一起可染皂色，鼠曲草花加榉皮可以染褐，至破犹鲜。

如果将两种以上的同色系染料进行混合煮染，可以使纤维呈现出微妙细腻的色调，且由于不同染材的染色性质各有差异，使用混合染材，可以有效地提高色彩的稳定性。而如果将两种以上的不同色系染材进行混合煮染，染材之间的比例关系就显得尤为重要，染者必须掌握更为精准的染色技巧，方可染制出预设色调，否则很容易陷入欲速不达的境地。

（3）中性染与酸碱染

通常来说，煎煮获得的染液为中性。但某些本草染材对pH值的敏感度较高，将其置于酸性或碱性的染液环境时，色调便会产生差异，如苏木、紫胶虫等。因此，染者在掌握染材的酸碱规律的前提下，可在浸染中或浸染后，提升或降低pH值，为色素创造碱性或酸性环境，以改变染物的色调。如用黄栌薄染时，可获得象牙色；如将黄栌染后过碱水，可获得金黄色[1]。

常见的天然酸剂有乌梅、粟饭浆、酸石榴等，常见的天然碱剂是由植物枝叶经充分燃烧后获得的草木灰（麦杆、稻草、藁、山茶树等），及石灰、

1 《天工开物》，第3卷，第49-50页。

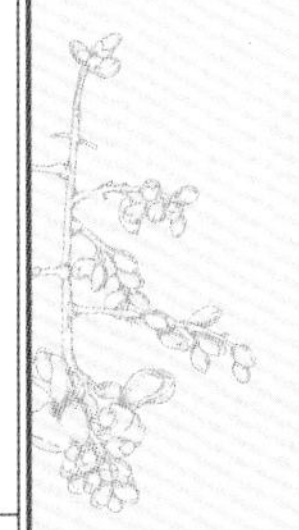

蜃灰等。

由于蚕丝不耐碱，当色素在碱性染液中完成显色流程后，仍需将染物置于弱酸水里进行中和性洗涤，防止蚕丝纤维受到损伤。

3. 制靛法

制靛是染青色时所用的一种特殊工艺。在蓼蓝、菘蓝、马蓝与木蓝四种蓝草中，菘蓝可直接通过碱水浸揉法染制青色，而其余三种蓝草，均需通过制靛法来获得更浓烈更稳定的青色。

《本草纲目》中记载了传统的制靛过程，基本流程如下：将刈蓝后的叶茎倒于坑、窑、缸或桶中加水浸泡，一两天后沥去植物，将石灰倒入蓝液中迅速敲打。待蓝液静置澄清后滤去浮水，沉淀其下的黑青色靛泥，便可用来染制青色。

蓝靛属于还原性染料，需在碱性环境下，通过发酵将靛青还原为可溶性靛白，再通过与空气接触，将靛白转化为靛青，完成染色过程。

4. 酸碱法

红花染色采用了典型的酸碱法工艺。红花主要含有两种色素：黄色素与红色素。两种色素对酸碱的溶解度不同，黄色素溶于中性水和酸液，通过常温浸泡就可获得；红色素不溶于中性水和酸液，但能溶于碱液。

为了获得更为纯粹的红色，先要将新鲜采摘的红花花瓣去黄、过酸，再捏饼或散放晒干，《本草纲目》中详细记载了红花的制饼工艺。在这个过程中，红花通过微发酵，更好地实现了黄色素向红色素的转变，最大限度地保留了新鲜红花中的红色素，同时压缩了体积，便于储存与运输。

染色时，先将干红花饼或散花浸泡、去黄；然后将红花置于pH值约为10～11的碱性溶液中，析出红色素；再将碱液中的红花残渣过滤，在碱液中加入酸剂，使染液的pH值逐渐下降，这时红色素开始沉淀，将染物放入染液，便可染制水红色、桃红色，不断重复以上步骤，最终可获得明艳的真红色。

5. 日晒法

日晒是针对赭魁（薯莨）和椑柿染色的一种特殊手法。这两种染材富含单宁，在染色后，需要通过长时间的日晒使其氧化、显色、变深。如果增加染色次数，经过漫长的日晒后，可以获得深赭红色或深咖色，同时，染物也会在此过程

中逐渐变硬、变挺。

二、染色流程

染前、染中与染后的所有流程规划，都是为了使本草色彩能更有效、更稳定地着色于染物。专业染者会根据自己的实践经验，为每一种染材、每一种色彩，规划不同的染色流程。

1. 染前：预处理

染物的预处理主要包含三个功能：浸湿、预媒染、精练。

（1）浸湿

除特殊案例外，几乎所有的染物，在染色之前都要预先浸湿浸透，以防止染色时产生色斑或上色不匀。将织物放入约40～50℃左右的温水中，来回拨动织物，使其充分、均匀地吸收水分；最后轻轻拧干水份，待染。丝线的浸湿与上述方法基本相同，但切勿将线绞弄乱；可用双棍或双手将线绞抻开理顺，在水中浸透。预浸的时间长短要根据染物的厚薄与织造的疏密而相应进行调整，以充分吸收水份为最终目标。

（2）预媒染

部分天然染材需要借助铝、铁等金属离子与之结合，才能完成染料的显色与固色，这一工艺被称为媒染。根据媒染与染色的先后次序不同，可分为前媒染、同媒染、后媒染。如果在染色前先将织物浸入媒染液中进行预媒染，那么染色时纤维已富含金属离子，便于上色。染材与染物不同，媒染工序方案也会有所不同，染者应根据经验，在染色前规划好媒染方案。

（3）精练

绝大部分真丝或羊毛材质的染物已经过工业精练处理，染前无需再做预处理。如果染物是纤维素纤维，染前可用草木灰液将纤维上的浆、蜡、杂质等一并去除后，再进行染色。在草木灰中加入热水，静置1～2天后，将澄清液倒出、过滤，如果草木灰的pH值过高，可加水稀释至10～11。将染物放入草木灰液中，小火煎煮半小时以上，具体煎煮时间视染物的厚薄与数量而定。最后，用清水将染物洗净，拧干水份，待染。

2. 染中：色液、染液与媒染液

（1）染液浓度

色液是指染材经煎煮后获得的染料提取液，头煎浓度高，二煎浓度低。染液

对页图片：核桃皮与其煎煮浓液

是加水稀释色液后获得的染色液，其浓度由色液与水的比例决定，染者需根据所染织物重量多寡与色彩深浅，对染液浓度做出调整。根据个人染色实践经验，染液的浓度基本控制在每遍染色15～20分钟、染3至5遍所需的浓度。也就是说，染制浅色时，不能减少染色时间与次数，而需降低染液浓度。染液浓度与所染色彩的控制能力，依赖于长期的实践经验的积累。

（2）染色时长与次数

随着染色时间的增加，纤维在染液中会慢慢进入着色饱和状态，这时要将染物取出、挤干、水洗。如采用媒染，则需将染物浸入媒染液中15分钟，再次洗净，阴晾至不滴水后，方可进行下一次的染制。根据个人染色实践经验，每次染色时长可控制在15～25分钟左右。

经过3至5次染色后，所染色彩才会比较牢固，不易变色与褪色。每次染色之后，染液中的色素含量会变少，染者需根据经验添加适量色液，使染液浓度保持稳定。根据个人染色实践经验，染制深色时可适当增加染色次数，同时延长染色时间、增加染液浓度。

（3）染液温度

随着染液温度的提高，染料的上色速度也会加快；反之，上色速度则变缓。但过高的温度，不仅会对染物造成损伤，还会影响部分染料的染色性能；高温快速的染色方式虽然貌似高效，但会造成色牢度的缺失；染液温度过高时，双手无法在染液中进行操作，容易产生色斑。根据个人染色实践经验，50℃左右的温热染液合适大部分染料的染色，这样染者既可以用双手拨动织物，上色速度又不会过急或过缓。

（4）媒染工序、比例与步骤

除了前媒染，在设计染色工序时，还可以使用同媒染或后媒染。

同媒染是将媒染剂按一定比例化开，倒入染液、搅拌均匀后再将织物浸入，这时染液中已含有金属离子，容易产生沉淀，为避免染色不匀或出现色斑，在染色时要注意以下三点：一是调制的染液只能一次性使用，在染后面几遍时，每一遍都需另行配制染液；二是在染色时要始终拨动染物；三是调配好染液后需立即染色，染液不可静置或隔夜。

后媒染是在染色后再将织物浸入媒染液，使纤维结构中的色素与媒染剂中的

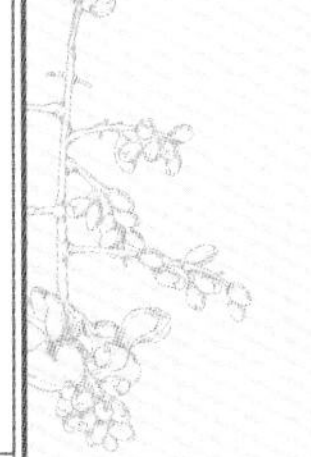

金属离子结合，完成显色与固色。事实上，在3～5次的染色流程中，前一次染色的后媒染，也成为了后一次染色的前媒染。

在染色实践中，媒染剂的比例使用也是非常重要的技巧。例如，元代《居家必用事类全集》与明代《多能鄙事》中记载："染小红，每十两熟帛需用苏木四两、黄丹一两、槐花二两、明矾末一两[1]。"明代《大明会典》中记载："染丹矾红，每斤需用苏木一斤、黄丹四两、明矾四两、栀子二两[2]。"从染小红至染丹矾红，染材与明矾的比例始终为4∶1，但染物与明矾的比例却从10∶1上升至4∶1。标注媒染剂比例的记载非常少，在绝大部分文献中，对于是否媒染以及媒染比例，通常语焉不详。因此，对每一种染材来说，染材、染物、媒染剂之间的比例，需要依据大量染色实践方能获得。

有一种非常安全的做法，就是逐次增加媒染剂的使用量，尤其是使用皂矾时需格外小心，否则非但颜色会变得过黑，织物的牢度也会下降。《多能鄙事》详细地记载了皂矾的使用方法："先将矾以冷水化开，别作一盆。将所染帛扭干抖开入其水内，提转令匀。扭丝看色深浅，如浅入颜色汁内提转，染一时许再扭看；如好便扭出，浅则再化些皂矾入盆，下帛其中，好即扭出之，凡用皂矾可作三次下，切不可作一次下了[3]。"

（5）套染色彩

套染色彩是指将不同颜色的染料进行叠加染制，以获得更为丰富的色调。大部分色彩（尤其是间色）无法通过同一种染料染制而成，因此，染色时必须先染制一种色彩，再覆盖另一种色彩，常用于紫色、橙色、绿色等。通过不同比例的颜色组合，获得微妙而丰富的色彩变化。

通常来说，套染工序以浅色为底、深色为盖，例如，豆绿色以黄檗汁染色为底，用靛青进行套染。用靛青套染紫色时，由于靛水呈碱性，如果与之套染的红色染料对酸碱非常敏感（如红花遇碱则退红、苏木遇碱则变紫），就必须以青色为底，红色为盖。

1　《居家必用事类全集》，第7集，第41页；《多能鄙事》，第4卷，第24页。

2　（明）赵用贤：《大明会典》，明万历内府刻本，第201卷，第2页。

3　《多能鄙事》，第4卷，第25页。

（6）色液静置

将色液静置、过滤后再进行染色，是一项非常个人化的染色经验。在1至3个月甚至更长的静置期中，色液内部在微生物的作用下开始缓慢发酵，色素开始变得更加稳定。根据染材的不同性能，可选择加入酸剂、碱剂或明矾液，以控制杂菌生成，避免色液发霉变质。

3. 染后：清洗、晾干与保存

待染色全部完成之后，要将染物用温水漂洗干净，轻轻拧干并搭晾在竿子上，至上而下整理染物，避免出现皱折、折叠、扭转等，放置于通风处阴干，直至染物完全干燥。

保存时，如果染物为丝线，可将其扭转对折；如果染物为织品，可将染物卷起。然后用薄纸包好存放在盒中，同时放入除湿剂并定期更换，做到避光、干燥。如所染织品必须进行折叠，应尽量减少折叠次数，并在折叠的两层之间另外垫上薄纸，定期打开检查、更换折叠位置，避免折痕处产生褪色痕迹。染物外盒需存放于通风阴凉的高处，或存放于大樟木箱中，防虫防霉。

应像爱护花草般爱护天然染物，尽量减少清洗次数。请用温水进行手洗，切勿使用酸性与碱性洗剂，避免变色或褪色。

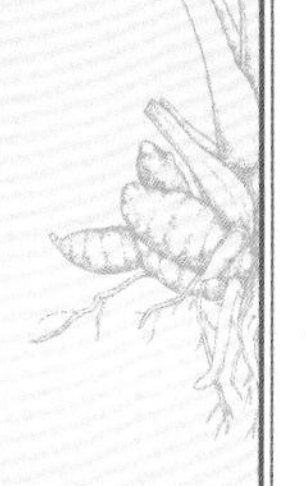

杀花后的红花，以及在各类生熟丝制品上的染色效果

天之玄色

黑色系

五倍子　胡桃　橡实　乌桕木　鼠尾草

五倍子

胡桃

《本草纲目》中记载了两类非常重要的染黑功能，一是染黑须发，二是染制皂色织物。染黑须发的配方清单非常丰富，甚至某些配方在现代人看来颇为匪夷所思，如用蜒蚰以京墨水养、埋马屎中一月。部分染须发所用本草，同时也可兼用于染制皂色织物，成为中国古代较为主流的染黑本草，如胡桃青皮、橡斗、五倍子（百药煎）等。

有些本草植物，虽在《本草纲目》一书中未标明可以染皂，但通过其他文献的记载及染色实践可获知其染黑功能，例如，《天工开物》中记载，用栗壳或莲子壳可染深黑的包头青色。

橡实

乌桕

鼠尾草

狼把草

所有染黑本草，均需以铁离子作为媒染剂，《本草纲目》中记载的铁媒染剂有：铁砂、铁落、铁蓺、铁浆、皂矾。本书所有染色实践均以皂矾为媒染剂。

此外，《本草纲目》也记载了狼把草（与秋穗子并可染皂）、芰花与乌菱壳（入染须发方）、黑大豆（染发令乌）、无食子（合他药染须，造墨家亦用之）、诃黎勒（黑髭发）、婆罗得（可染髭发令黑）、金樱子（和铁粉研匀，拔白发涂之，即生黑者）等本草，虽可兼用于染制黑色，但并不是典型的染织用黑色染材，因而未对其进行染色实践，本书不再细述。

莲房

栗

对页图片：正在晒干的五倍子（角倍）

五倍子

◆ [志曰] 五倍子在处有之。其子色青，大者如拳，而内多虫。[颂曰] 以蜀中者为胜。生于肤木叶上，七月结实，无花。其木青黄色。其实青，至熟而黄。九月采子，曝干，染家用之。

◆ 初时青绿，久则细黄，缀于枝叶，宛若结成。其壳坚脆，其中空虚，有细虫如蠛蠓。山人霜降前采取，蒸杀货之。否则虫必穿坏，而壳薄且腐矣。皮工造为百药煎，以染皂色，大为时用。

◆ 染乌须发　圣济总录：用针砂八两，米醋浸五日，炒略红色，研末。五倍子、百药煎、没石子各二两，诃黎勒皮三两，研末各包。先以皂荚水洗髭须，用米醋打荞麦面糊，和针砂末傅上，荷叶包，过一夜，次日取去。以荞麦糊四味敷之一日，洗去即黑。杏林摘要：用五倍子一斤研末，铜锅炒之，勿令成块。如有烟起，即提下搅之。从容上火慢炒，直待色黑为度。以湿青布包扎，足踏成饼，收贮听用。每用时，以皂角水洗净须发。用五倍子一两，红铜末（酒炒）一钱六分，生白矾六分，诃子肉四分，没石子四分，硇砂一分，为末。乌梅、酸榴皮煎汤。调匀碗盛，重汤煮四五十沸，待如饴状。以眉掠刷于须发上，一时洗去，再上包住。次日洗去，以核桃油润之。半月一染，甚妙。

——（明）李时珍《本草纲目》
第39卷·虫之一（卵生类上—十三种）·第12-16页

五倍子又名文蛤、百虫仓，经发酵加工后可以制成百药煎。五倍子是长在漆树科植物盐肤木、青麸杨或红麸杨树叶上的虫瘿，由五倍子蚜寄生而成，起初时先是在叶间结成小球，逐渐长大至拳头大小，外壳坚脆。呈不规则菱形、有钝角状分枝的被称为角倍，呈纺锤形囊状或长圆形的被称为肚倍。

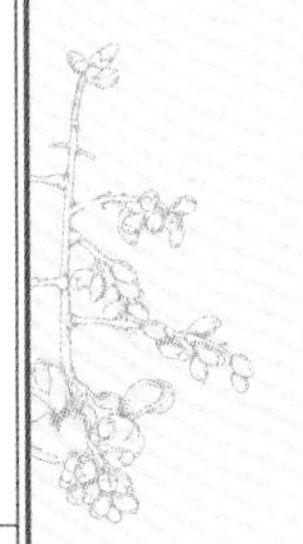

对页图片：五倍子经皂矾媒染熟丝织物

本草学名：Galla chinensis
本草品名：五倍子
本草科属：漆树科
染色部位：虫瘿
染色方式：敲碎或研末后，煎煮色液
媒染方式：无媒染或铝媒染呈卡其色调，铁媒染呈灰黑色调

五倍子的采摘期为农历九月霜降前的秋季，这时蚜虫尚未穿过瘿壁，外壳也未遭腐坏。采集后先用烫煮的方式杀灭蚜虫，再经晒干后收存；或者可以将其敲开、除去蚜虫及其排泄物等杂质，用米汤和草木灰捣拌晒干后收存；染家还可以将其炒黑后使用[1]。

五倍子含有丰富的鞣质，除药用功能外，经铁媒染后可以染制出皂色，是中国古代非常重要的动物性染黑本草，常用于乌须发、染皂色。染色时使用煎煮法提取染液，无媒染（或经铝媒染）时呈卡其色调，经铁媒染后呈现灰黑色调，可多次复染以加深颜色。《天工开物》中记载，将蓝芽叶用水浸泡后，再加入皂矾与五倍子同浸，可以染制玄色，但容易使织物朽坏[2]。

为方便使用，古时的皮革工匠们会将五倍子配以绿茶[3]与酒曲进行发酵，待表面长出白霜后取出，捏饼晒干后用于染色，名为百药煎。加入浓绿茶水并经发酵工艺后，百药煎的染皂能力得以增强，可替代五倍子或与其共同使用。如《多能鄙事》[4]记载的染青皂法，就是将五倍子、皂矾、百药煎、秦皮各二文研成细末，煎汤浸染。

通过染色实践发现，除了用以染制皂色外，富含鞣质的五倍子，还可作为其他本草染料的辅助用剂，以提高本草色彩的色牢度与稳定度，例如，可在煎煮苏木染制红色时，可以加入适量五倍子同煎[5]。

1　（清）张宗法：《三农记》，清乾隆刻本，第 6 卷，第 45 页。
2　《天工开物》，第 3 卷，第 50 页。
3　如果是用于医家，配方会有所变化，改入桔梗、甘草等本草，以增加药性。
4　《多能鄙事》，第 4 卷，第 26 页；《居家必用事类全集》，第 7 集，第 43 页。
5　《三农记》，第 6 卷，第 45 页。

对页图片：新鲜胡桃、剥开的青皮，以及晒干的核桃皮

胡 桃

◆ 胡桃青皮：染髭及帛，皆黑。[志曰] 仙方取青皮压油，和詹糖香，涂毛发，色如漆也。

——（明）李时珍《本草纲目》
第30卷·果之二·第52-55页

胡桃又名羌桃、核桃，原产于波斯，汉代张骞出使西域后将其种子带回[1]，在陕洛地区广为种植，并逐渐推广至东部地区，自唐太宗时期，核桃的种植已从中原传播至越南[2]。胡桃外形似桃而产于胡地，因此被命名为胡桃，后来又因“号中原以胡为禁”而改名为核桃。

胡桃树为落叶乔木，十分高大，秋季时果实成熟，外观貌似青桃，表面长有斑点。采收果实后去除肉质果皮，将果核晒干、敲开核壳，便可获得果仁，也就是我们常说的核桃仁，用于榨油与食用。胡桃树的木质坚硬，不易变形，常用于

1 （晋）张华撰、（宋）周日用注：《博物志》，士礼居本，第6卷，第2页。
2 今越南境内，见（明）罗颀：《物原》，明嘉靖二十四年李憲刻本，第38页。

对页图片：胡桃青皮无媒染羊毛织物
（从上至下的第三第四块织物，加入了少许苏木并经明矾媒染）

本草学名：Juglans regia L.
本草品名：胡桃
本草科属：胡桃科
染色部位：果实外皮
染色方式：煎煮色液
媒染方式：无媒染或铝媒染呈棕褐色调，铁媒染呈棕黑色调

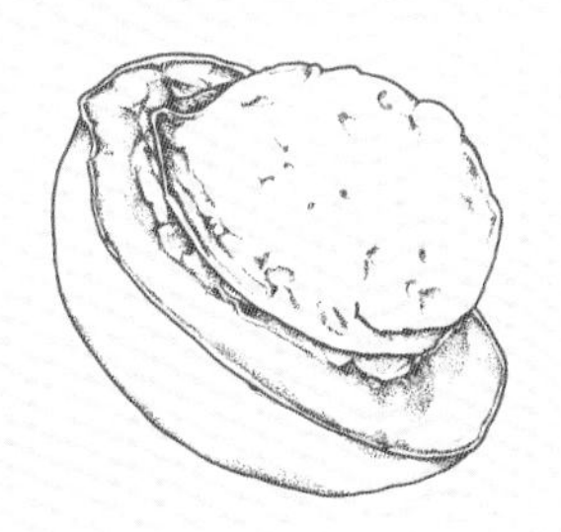

制作家具；而胡桃树的叶、根、树皮、果皮都可用于染色，尤其以果皮为上佳选择。胡桃外刚内柔，质似贤者，因此受到古代文人的喜爱与推崇，文玩核桃成为中国传统的文玩品类，经久不衰，尤其在明清时期最为盛行。

胡桃的种植自西域传入，因此，胡桃青皮自古便是西北地区毛织物染色的典型染料，至今在新疆、甘肃、青海等地区仍然保留着用胡桃皮进行染色的传统。胡桃传入中原地区以后，其染色功能得到广泛使用，成为十分常用的中国传统本草染料。

采摘果实后，需趁新鲜时将果肉沤烂剥离，熬煮染色，或者将果肉直接剥开切碎，晒干后使用。将胡桃果皮切开或剥开后，青绿色的外果皮在空气氧化作用下变为棕褐色，如果剥切胡桃果皮时未佩戴手套，双手皮肤和指甲染上汁液后也会氧化发乌，短时间内很难清洗干净。

将胡桃果皮熬煮染色，采用直接染（无媒染）或铝媒染时可获得棕褐色，也可以在煎煮时加入适量其他染料来调整色调，例如，加入少许苏木并进行铝媒染，可染制出红褐色调。采用铁媒染时，根据媒染剂与染料的不同比例，可染出棕黑色调或紫黑色调，在中国传统工艺中用于染黑髭须、头发、丝帛，在传统制墨工艺里，加入适量胡桃果皮可用以助色。

通过染色实践发现，经胡桃果皮染制出的棕色及黑色色牢度较佳，且同时适用于丝毛等蛋白质纤维与棉麻等纤维素纤维。

对页图片：橡碗（斗壳）

橡实

◆ 秦人谓之栎，徐人谓之杼，或谓之栩。其子谓之皂，亦曰皂斗。其壳煮汁可染皂也。今京洛、河内亦谓之杼。盖五方通语，皆一物也。[时珍曰] 栎，柞木也。实名橡斗、皂斗，谓其斗刓剜象斗，可以染皂也。南人呼皂如柞，音相近也。

◆ [颂曰] 橡实，栎木子也。所在山谷皆有。木高二三丈。三四月开花黄色，八九月结实。其实为皂斗，槲、栎皆有斗，而以栎为胜。[宗奭曰] 栎叶如栗叶，所在有之。木坚而不堪充材，亦木之性也。为炭则他木皆不及。其壳虽可染皂，若曾经雨水者，其色淡。

◆ 斗壳：并可染皂……并染须发。

——（明）李时珍《本草纲目》
第30卷·果之二·第57-58页

橡实又名栎梂、柞子，是壳斗科植物麻栎的果实。麻栎树常见于山地丘陵地带的林间，树木高大，春季开花秋季结实，果实成熟后会自然掉落在地上，成为林间鼠类及兔类等野生动物的食物。橡实的果仁味如老莲子，捣浸后可制成粉状充饥食用；果仁外部包裹着硬壳，蒂部有碗状斗壳，半包裹着果实，在古时被称为皂斗。

“皂”字通“阜”，原义指黑色，《周礼》中有“一曰山林……其植物宜皂物”的描述，郑玄补充说到，柞栗等林木植物可以用来染制皂色，因此至汉代起，便将橡实俗称为皂

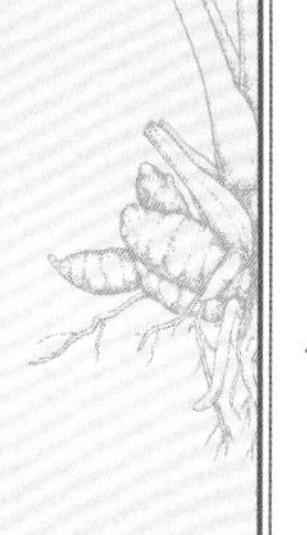

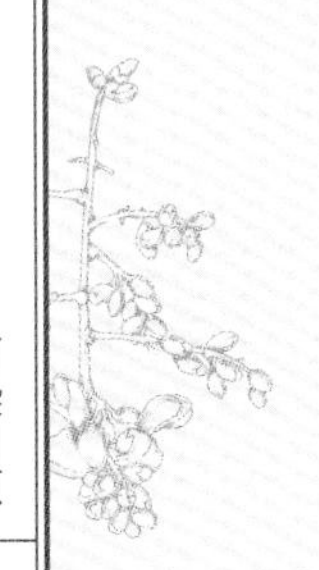

对页图片：橡斗染熟丝织物
（左为无媒染，右为皂矾媒染）

本草学名：Quercus acutissima
本草品名：橡实
本草科属：壳斗科
染色部位：橡实斗壳
染色方式：煎煮色液
媒染方式：铝媒染呈褐黄色调，铁媒染呈黑色调

斗[1]，由此可见，橡实是中国古代十分常用的染黑材料，其使用历史可以追溯到先秦时期。

橡实种植广泛、易于获得，叶可饮，子可食，木可薪，斗可染。皂斗富含鞣质，可用于染制皂衣、皂巾、皂丝、皂靴、皂盖等，并可用于染黑须发。按《本草纲目》所述，用于染色时，必须采集未经雨水浸泡过的皂斗，否则所染之色就会很淡。

将皂斗浸泡一晚使其变软，煎煮以获得染液，过滤去渣后，将染液升温至50～60℃，进行染色。皂斗无媒染或经铝媒染时，可获得较深的褐黄色调，经验丰富的染者可在煎煮时配以其他染料，以调节其色调。在明代，就有将黄檗、橡斗与胭脂进行配伍，用来染制宋笺色的做法[2]。

皂斗经铁媒染后，可获得十分深沉的黑色，色牢度较好，不仅可用于丝毛类蛋白质纤维的染色，也可用于棉麻类纤维的染色。铁媒染剂的获得，最方便的方式便是直接使用皂矾矿石，除此之外，在中国古代民间，也常采用铁锅煮染织物的方式，或采用铁制品浸泡米汤或食醋的方式，用以替代皂矾。《多能鄙事》中就有记载，将生纱与皂斗放入铁器中一起煎煮，等纱变成褐色后取出阴干，第二天用黑豆、酸石榴皮将纱煮成黑色并晾干，可用于染制皂巾纱[3]。

1 （汉）郑玄：《周礼》，明覆元嶽氏刻本，第 10 卷，第 1 页。郑玄的注释原文为：“植物，根生之属，皁物，柞栗之属，今时间谓柞实为皁斗。”

2 （明）高濂：《遵生八笺》，明万历时期雅尚斋刊本，第 15 卷，第 37 页。

3 《多能鄙事》，第 4 卷，第 26 页。

对页图片：乌桕枝叶

乌桕木

◆［恭曰］生山南平泽。树高数仞，叶似梨、杏。五月开细花，黄白色。子黑色。［藏器曰］叶可染皂。子可压油，然灯极明。

——（明）李时珍《本草纲目》
第35卷·木之二（乔木类）·第95-96页

乌桕又名鵶臼，属落叶乔木，树木高大，在我国的种植历史十分悠久，广泛分布于江浙与西南地区。深秋时乌桕树叶由绿转红，色彩绚丽，堪比丹枫，层林尽染。作为观赏类植物，乌桕具有较高的园艺价值。

同时，乌桕也是我国重要的木本油料树种，果实在秋季逐渐成熟，初青后黑，熟透后自行开裂，露出为三瓣包裹在种子外部的白色蜡质种皮。乌桕的种子与种皮均可用于榨油，根据不同工艺加工而成的木油、皮油、梓油等，可用来制作蜡烛燃灯、肥皂膏脂，也可入漆或造纸，又可涂发令黑，是传统的经济类树木。

乌桕的根皮、树皮与叶均可入药，但是都具有一定毒性，传统中医将其用于杀虫解毒、消肿泄利；农家也常常将乌桕树叶浸泡后制成浓液，用于杀灭农

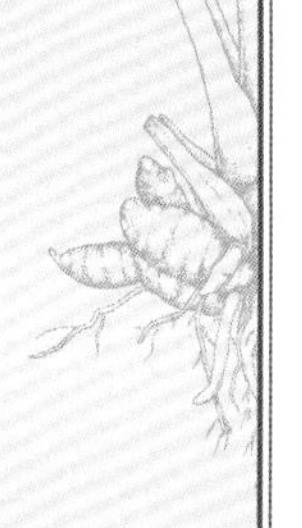

对页图片：乌桕叶经皂矾媒染熟丝织物

本草学名：Triadica sebifera
本草品名：乌桕
本草科属：大戟科
染色部位：叶
染色方式：煎煮色液
媒染方式：铝媒染呈浅褐色调，铁媒染呈黑色调

右侧为乌桕叶经皂矾媒染头发，左侧为未经染头发

作物上的蚜害。因此中国古人很少在池塘边种植乌桕，以免落叶入水氧化变黑，使鱼致病。

“乌臼平生老染工，错将铁皂作猩红”[1]。用于观赏的乌桕叶，也是十分常见的中国传统本草染料，经铁媒染后可用于染制皂色丝织品。

将乌桕枝干剪下晾晒，使叶片干燥脱落，收集待用；或用工具剪取新鲜的深绿色成熟叶片，直接放入煮器中。干叶或鲜叶均通过煮染方式提取染液。乌桕叶富含鞣质，无媒染或经铝媒染时呈现出浅褐色，颜色浅淡，因此通常不取此色；经铁媒染时呈现出深黑色，色牢度较好，不仅可用于丝毛类蛋白质纤维的染色，也可用于棉麻类纤维的染色。通过染色实践发现，用新鲜的乌桕叶染黑须发，效果也非常好。

乌桕的枝干、叶片、果实和乳汁都具有毒性，因此用乌桕染色时全程均应佩戴手套与口罩，避免染液入眼、入口或沾染皮肤，染后应将工具、容器及双手清洗干净。过敏体质者在染色过程中可能会出现皮肤瘙痒等症状。

1　宋代杨万里描写乌桕红叶的诗句，题为《秋山》。

对页图片：鼠尾草

鼠尾草

◆ [时珍曰] 鼠尾以穗形命名。尔雅云：葝，鼠尾也。可以染皂，故名乌草，又曰水青。苏颂图经谓鼠尾一名陵时者，乃陵翘之误也。

◆ [别录曰] 鼠尾生平泽中，四月采叶，七月采花，阴干。[弘景曰] 田野甚多，人采作滋染皂。[保昇曰] 所在下湿地有之，惟黔中人采为药。叶如蒿，茎端夏生四五穗，穗若车前，花有赤白二种。[藏器曰] 紫花，茎叶俱可染皂用。

——（明）李时珍《本草纲目》
第16卷 · 草之五（隰草类下）· 第42页

鼠尾草又名葝、山陵翘、乌草、水青，生长于湿地平泽之中，是荒地山野里的一种常见植物。鼠尾草于夏末初秋时开放淡紫色小花，花序呈穗形，一丛丛修长而挺立向上，貌似鼠尾，故得此名。

鼠尾草的茎为四棱方形，叶为掌状，复叶对生，农历四月可采摘鼠尾草叶，既能入药，也能煎煮作饮，还可用于救饥。在福建长泰县的县志中，鼠尾草俗称癀仔草，用于治疗瘇症[1]；在《救荒本草》中，这种可在荒时用以充饥的野草，被称为鼠菊[2]。同时，作为中国传统的本草染料，鼠尾草的茎叶在古时还具有一项重要功能：用于染制皂色，因此得名乌草。

1 （清）张懋建修、赖翰颙纂：《乾隆长泰县志》，民国二十年重刊本，第10卷，第10页。
2 （明）朱橚：《救荒本草》，四库全书本，第1卷，第40页。

对页图片：鼠尾草经皂矾媒染熟丝织物

本草学名：Salvia japonica
本草品名：鼠尾草
本草科属：唇形科
染色部位：茎叶
染色方式：煎煮色液
媒染方式：铝媒染呈浅褐色调，铁媒染呈灰黑色调

采割新鲜的鼠尾草茎叶，晒干待用

采割新鲜的鼠尾草茎叶，切段晒干以备后用，或直接放入容器中加水煎煮，干燥或新鲜茎叶均可采用煎水的方式获得染液。无媒染或铝媒染时，鼠尾草可染制出浅褐色调；而采用铁媒染时（通常选择后媒染工艺），鼠尾草可染制出漂亮的灰黑色。除了用于染制丝帛外，在民间，人们也常将鼠尾草茎叶煎水洗发，可令头发变黑。

《清稗类钞》[1]记载了一种旧说，鼠尾草之花也可用于染皂。在本书撰写过程中未能采集到足量的花朵进行染色实践，因此无法确认这一说法是否属实，有待日后进行补充。

1 （清）郝玉麟：《清稗类钞》，民国六年商务印书馆旧版，第 81 页。

地之黄色

黄色系

郁金　荩草　檗木/小檗　黄栌

槐　柘　卮子　山矾　栾华

郁金

荩草

栾花与槐之花、黄栌与柘木之枝干、黄檗之树皮、山矾与荩草之枝叶、栀子之果、郁金与姜黄之根，《本草纲目》中可用于染黄的本草繁多而常见。通过文献描述与染色实践可知，这些黄色染料可以染制出沙金色、黄金色、青金色、亮黄色、明黄色、橙黄色等丰富多彩的黄色调。从“物以稀为贵”的角度来说，黄色染料易得，在中国古代应该是平民化的、普及性的。事实也是如此，在很长一段历史时期中，黄色的确地位不高。

隋唐以降，由于皇帝对于金黄色的个人偏好，以及黄色在五色系统中代表中央之色的地位，黄色被赋予了更多礼制层面与精神层面的意义，从日常走向高

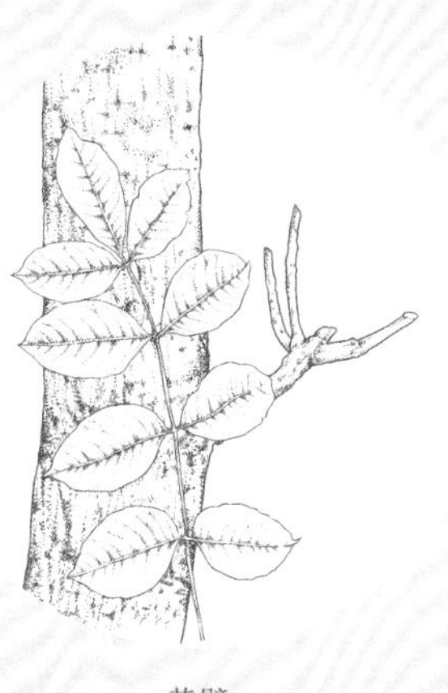

黄檗

黄栌

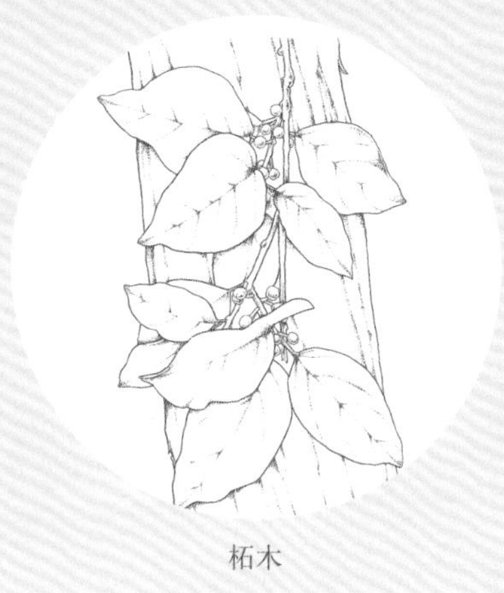

柘木

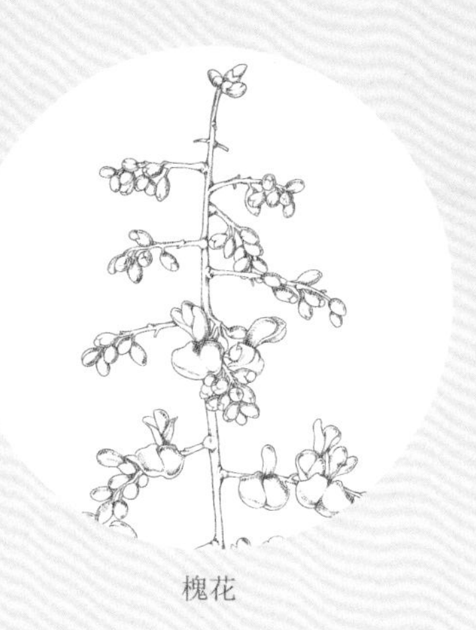

槐花

位，最终成为帝后专属之色。历代皇帝为了专享黄色，一再颁布禁色令，除皇帝赐服外，严禁穿着黄、柳黄、姜黄、明黄等色，违令者，连同织染者一起查办。染制唐代皇袍的黄栌、染制明代皇袍的柘木、染制清代皇袍的栀子，因与皇室结缘，地位尤显特殊。

除了古代官家所用的黄色染料，作为古之贡草的荩草、染色甚为鲜明的槐花、曾经用于染制御黄色的地黄、既可染黄又可代矾的山矾，在中国古代染黄历史上，均有不俗的表现。此外，《本草纲目》中还记载了来自西南地区的黄屑，因尚未获取染料样本而无法进行染色实践，故本书不再细述。

山矾

栀子

对页图片：姜黄（上）与黄丝郁金（下）

郁金

◆［恭曰］郁金生蜀地及西戎。苗似姜黄，花白质红，末秋出茎心而无实。其根黄赤，取四畔子根去皮火干，马药用之，破血而补，胡人谓之马蒁。

◆ 今人将染妇人衣最鲜明，而不耐日炙，微有郁金之气。

◆ 其苗如姜，其根大小如指头，长者寸许，体圆有横纹如蝉腹状，外黄内赤。人以浸水染色，亦微有香气。

——（明）李时珍《本草纲目》
第14卷·草之三（芳草）·第34-35页

郁金又名马蒁，属于姜科植物，植株外观与姜黄相似。郁金主要可分为温郁金、黄丝郁金、桂郁金与绿丝郁金四个品类，但只有黄丝郁金可以用来染色，《本草纲目》第14卷中记载的染黄用郁金，其描述与黄丝郁金相符。

郁金与姜黄常常被染者混淆，两者植株虽然十分相似，在染用与药用时也均使用根部的根块或根茎部分，但性状功能却有所不同。在植物外形上，染色用的黄丝郁金呈纺锤形，圆如蝉腹，有细小皱纹；姜黄呈不规则卵圆形，常常呈现弯曲状态，还会有短枝分叉。在药用功能上，郁金味辛、苦、寒；姜黄辛、苦、温。在所染之色上，郁金所染之黄偏冷，姜黄所染之黄偏暖。

“兰陵美酒郁金香，玉碗盛来琥珀光”，中国古人将郁金浸泡在酒中用以上色，随着时间的推移，酒的颜色逐渐加深，从最初的透明色变成浅黄

对页图片：黄丝郁金根无媒染真丝流苏

本草学名：Curcumae radix
本草品名：郁金
本草科属：姜科
染色部位：黄丝郁金根
染色方式：切片或磨粉，采用浸酒或煎煮的方式获得色液
媒染方式：无媒染或铝媒染，呈黄色调

用黄丝郁金泡酒液染制头发

色、鲜黄色，直至变成浓郁的金黄色，散发出琥珀色的光泽。

“郁金半见湘白菊”[1]，中国古人用郁金之根在富有光泽的熟丝上染出非常鲜亮的黄色与湘色（浅黄）。在唐代，郁金所染袍服更是成为帝王的心头之好，许浑在《骊山》一诗中写道：“闻说先皇醉碧桃，日华浮动郁金袍”，郁金所染鲜黄色，令人艳羡。

染色时，先将新鲜的黄丝郁金根清洗切片，露出橙黄色断面；或将干燥而坚硬的郁金根敲碎，如可磨粉则更佳。为了使黄色素的析出更为充分，可将处理后的郁金浸泡在高度白酒中一周左右，直至酒液的颜色变成十分浓烈的黄色。这时将郁金与酒全部倒出，加入冷水稀释，缓慢加温、煎煮、过滤，制成染液，浸染真丝丝线或织物。在无媒染或铝媒染时，郁金可染制出湘黄至鲜黄色。

郁金所染黄色虽然鲜明，但是不耐日晒，容易褪色。通过染色实践发现，在煮染郁金时可加入荩草与槐花，并用明矾进行后媒染，通过不同染黄本草的配伍，可有效提高郁金的染色牢度。

1　（汉）史游、（唐）颜师古注：《急就篇》，海盐张氏涉园藏明钞本，第 27 页。

对页图片：荩草，摄影：申凯旋

荩 草

◆ [时珍曰] 此草绿色，可染黄，故曰黄、曰绿也。

◆ 古者贡草入染人，故谓之王刍，而进忠者谓之荩臣也。

◆ 诗云：终朝采绿，不盈一掬。许慎说文云：莀草可以染黄。汉书云：诸侯盭绶。晋灼注云：盭草出琅琊，似艾可染，因以名绶。皆谓此草也。

◆ [别录曰] 荩草生青衣川谷，九月、十月采，可以染作金色。

◆ [恭曰] 今处处平泽溪涧侧皆有。叶似竹而细薄，茎亦圆小。荆襄人煮以染黄，色极鲜好。俗名绿蓐草。

——（明）李时珍《本草纲目》
第16卷·草之五（隰草类下）·第58页

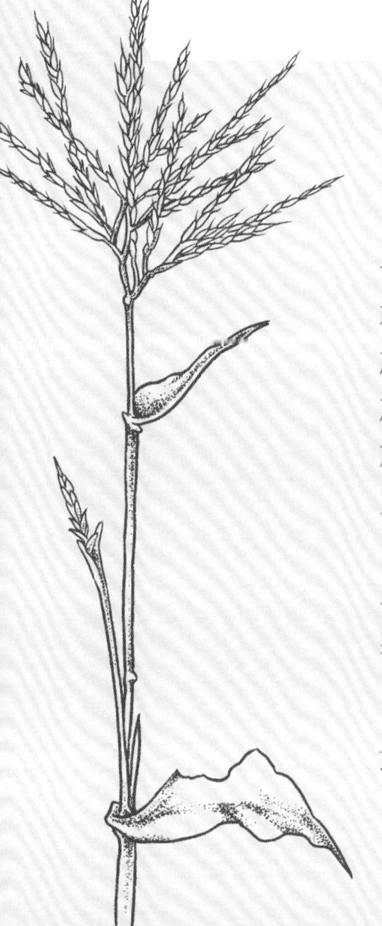

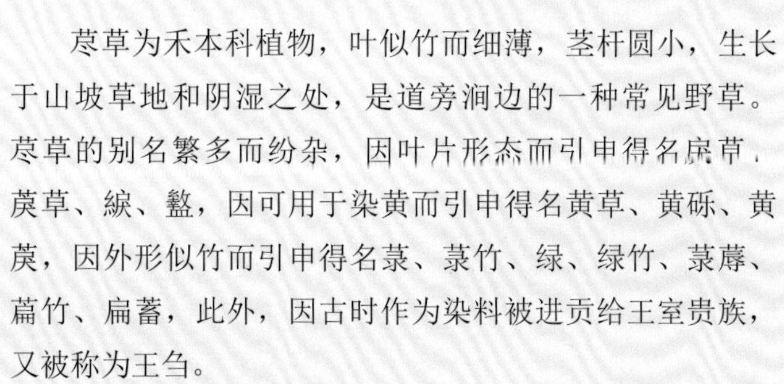

荩草为禾本科植物，叶似竹而细薄，茎杆圆小，生长于山坡草地和阴湿之处，是道旁涧边的一种常见野草。荩草的别名繁多而纷杂，因叶片形态而引申得名戾草，莀草、綟、盭，因可用于染黄而引申得名黄草、黄砾、黄莀，因外形似竹而引申得名菉、菉竹、绿、绿竹、菉蓐、萹竹、扁蓄，此外，因古时作为染料被进贡给王室贵族，又被称为王刍。

荩草一词最早出现在汉代《急救篇》中，其功能有二，一是杀除皮肤小虫的药用功能，二是染黄而作金色的染用功能[1]。此后，从《神农本草经》起，各家医书文献均

1 《急救篇》，第59页。

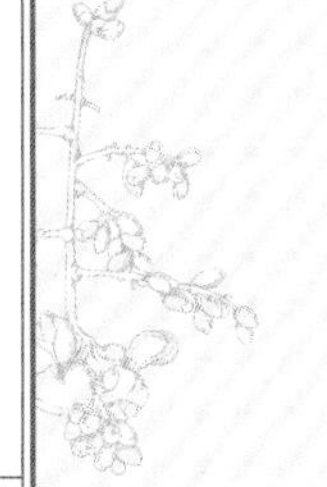

对页图片：荩草茎叶经明矾媒染生丝丝线与熟丝面料

本草学名：Arthraxon hispidus
本草品名：荩草
本草科属：禾本科
染色部位：茎叶
染色方式：煎煮色液
媒染方式：无媒染或铝媒染呈黄色调，过草木灰水呈金黄色调

荩草与蓼蓝套染生丝丝线的不同绿色

以“荩草”作为本草名称，沿用至今。

其貌不扬的荩草是中国最古老的染黄植物之一，早在先秦时期就出现在诗文之中，诗句“终朝采绿，不盈一匊”描绘的就是古代女子采摘荩草的场景。“汉官绶荩何须染，郑公书带徒劳种”，用荩草染制成最高等级品官佩戴的黄色綟绶，这一色彩制度始于汉代、止于宋代，所染之黄，《说文解字》将其描述为留黄[1]。

荩草是一种极易存活、生长茂盛的野草，采收荩草枝叶后，可将其切成小段，晒干备用。将新鲜或晒干的荩草入锅煎煮，过滤取汁，制成染液，用50～60℃的水温进行染色。无媒染时，荩草显现出浅淡而柔和的米黄色调；采用铝媒染时，可获得极为鲜亮的黄色；染后将丝线或织物浸泡于草木灰水中时，可获得更为温暖的金黄色调。

荩草与蓼蓝是两种早在先秦时代就广为使用的古老染料，将荩草染制的黄色作为底色，盖以用蓼蓝染制的青色，可套染出深浅不一的绿色，是中国古代的传统染绿工艺。

1　（汉）许慎：《说文解字》，四库全书本，第一卷下，页数不详。

对页图片：川黄柏树皮

檗木

◆ [时珍曰] 檗木名义未详。本经言檗木及根，不言檗皮，岂古时木与皮通用乎？

◆ 黄檗树高数丈，叶似吴茱萸，亦如紫椿，经冬不凋。皮外白，里深黄色，其根结块，如松下茯苓。今所在有，本出房、商、合等州山谷中。皮紧、厚二三分、鲜黄者上。二月、五月采皮，日干。

——（明）李时珍《本草纲目》
第35卷·木之二（乔木类）·第46页

小檗

◆ [藏器曰] 凡是檗木皆皮黄。

◆ 小檗如石榴，皮黄，子赤如枸杞子，两头尖。人剉枝以染黄。

◆ [时珍曰] 小檗山间时有之，小树也，其皮外白里黄，状如檗皮而薄小。

——（明）李时珍《本草纲目》
第35卷·木之二（乔木类）·第49页

“皎皎练丝，得蓝则青，得丹则赤，得檗则黄，得涅则黑”[1]，东汉王逸诗句中的中国传统染黄植物“檗”，指的就是黄檗，现在称之为黄柏。

黄柏为芸香科植物，树皮内表面为黄色，既可入药清下交之火，又是古老的本草染料，主要用于染制黄色纸张。中国现有的黄柏品种主要可分为两

1 （唐）马总辑：《意林》，清抄本，第4卷，第8页。

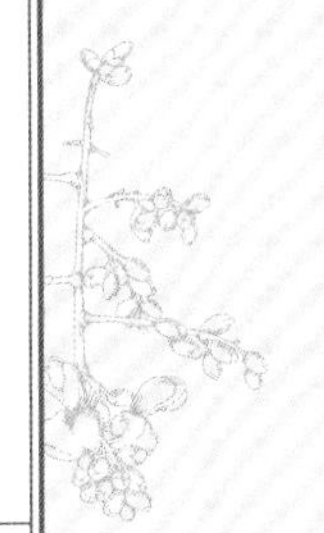

对页图片：川黄柏无媒染熟宣宣纸
（分别刷染1遍、2遍、4遍、7遍、11遍）

本草学名：Phellodendri chinensis cortex
本草品名：川黄柏
本草科属：芸香科
染色部位：树皮
染色方式：煎煮色液
媒染方式：无媒染或铝媒染呈青金色调

类：芸香科黄皮树的干燥树皮被称为“川黄柏”，以四川云贵地区为主要产地；芸香科黄檗的干燥树皮被称为“关黄柏”，以东北和华北地区为主要产地。

黄柏中含有小檗碱，辟虫功效明显，自古以来就被应用于纸、笔、墨等传统文房用品的制作。最晚至唐代，中国古人已将其作为染制黄纸的主要染料，经黄柏染制的纸张质地硬挺、光泽莹滑，可长久保存、防止虫蛀，主要作为抄经纸及小笺纸[1]。“黄麻敕胜长生箓，白纻词嫌内景篇”，自唐高宗时期起，为了有效辟虫，勅书所用材料由原来的白纸改为黄麻纸，而黄麻纸之色就是由黄柏染成[2]，此后，黄柏被广泛用于各类书籍纸张的染色，保存至今。黄山地区的文人用川椒和黄柏煎汤，磨松烟染笔，可防止虫蛀，用于毛笔收藏[3]。而造墨时辅以各类草药，既可助色，也可辟虫防蛀，黄柏便是传统墨药之一。

“白桐高士案，黄檗老僧衣”，黄柏也是中国传统的织物染料，除单独染色外，也可作为底色盖以其他色彩，通过不同比例的色相组合，获得丰富的色调：用靛水套染可获得黄绿色调的鹅黄色，用小叶苋蓝煎水套染可获得鲜亮的草豆绿色，入靛缸套染可获得绿青色调的蛋青色[4]；用红花染帛时可用黄檗为底套染[5]。

将黄檗之皮晒干剪碎，煎水制成染液进行浸染。无媒染或铝媒染时可获得鲜亮的冷黄色调，经多次染色后，可呈现出青金色调。

1　（明）屠隆：《考盘余事》，明万历间绣水沈氏刻宝颜堂秘笈本，第2卷，第9页。
2　（清）张岱：《夜航船》，清钞本，第3卷，第14页。
3　同上，第14页。
4　《天工开物》，第3卷，第49-50页。
5　《钦定四库全书·物理小识》，第6卷，第41页。

对页图片：黄栌，摄影：申凯旋

黄 栌

◆ [藏器曰] 黄栌生商洛山谷，四川界甚有之。叶圆木黄，可染黄色。

——（明）李时珍《本草纲目》
第35卷·木之二（乔木类）·第50页

黄栌属漆树科，在我国主要分布于北方地区，是著名的观赏类树种。初夏开花，如云似烟，因此得名烟树；深秋叶红，层林尽染，因此得名红叶。

黄栌枝干呈黄色，是中国重要的传统黄色染料。唐高祖采用隋制，制定了“黄袍及衫”的天子常服制度，后来逐渐用赤黄，被称为赫黄，所采用的染料就是黄栌。黄色因受帝王推崇而地位尊贵，黄栌作为主要的染黄本草也逐渐由民间走向宫廷。中国染色技术东渡日本后，日本染人以唐制为范本，用黄栌与苏木染制赭黄色，并将之命名为黄栌染，成为日本天皇服饰的专用色；增加苏木比例后又染制出了藕合色，同样也属于日本古代宫廷服装色彩。

除了染制皇家御用的黄色，用黄栌薄染可以获得象牙色；为了降低红花染的成本，古时的染家还会以黄栌染为底，盖以红花染，以获得大红色[1]。

黄栌的枝干和树叶中均含有鞣质，其中树叶的含量更高，因此黄栌的枝叶还可以被用来染制色彩等级较低的褐色系。据《多能鄙事》记载，如先将丝帛用明矾前媒染，然后用黄栌染液进行浸染，再将皂矾加入染汁内再次浸染，可获得明

1 《天工开物》，第3卷，第49-50页。

对页图片：黄栌枝干无媒染熟丝织物

本草学名：Cotinus coggygria
本草品名：黄栌
本草科属：漆树科
染色部位：黄栌枝干
染色方式：煎煮色液
媒染方式：无媒染或铝媒染呈金黄色调，过草木灰水呈金色调

黄栌经明矾染生丝丝线，其中右侧的两个色样经草木灰水漂洗，与左侧颜色相比，色相明显变暖

茶褐色；如果将黄栌与皂斗混合煎煮染液，采用相同的染色工艺，可获得暗茶褐色[1]。另外，明代的玄色染制工艺不再采用先染赤再染黑的方式，而是改良为先染青再染黑，具体做法是，先用靛水染深青，再用栌木与杨梅皮等分煎水盖[2]。

染色时，先将栌木枝干劈开、剉切成条状或打碎成粉状，煎水获取染液，用50～60℃的水温进行浸染。通过染色实践发现，黄栌无媒染或铝媒染时可获得从浅黄至冷金的色调，如果浸染后再用草木灰进行漂洗，可以获得金黄色；铁媒染时可获得黄褐色调。

1　《多能鄙事》，第 4 卷，第 25 页。
2　《天工开物》，第 3 卷，第 49-50 页。

对页图片：槐米与槐花

槐

◆ 其花未开时，状如米粒，炒过煎水染黄甚鲜。

◆ 其实作荚连珠，中有黑子，以子连多为好……[藏器曰] 子上房，七月收之，堪染皂。

◆ 槐花：未开时采收，陈久者良，入药炒用。染家以水煮一沸出之，其稠滓为饼，染色更鲜也。

——（明）李时珍《本草纲目》
第35卷 · 木之二（乔木类）· 第65-67页

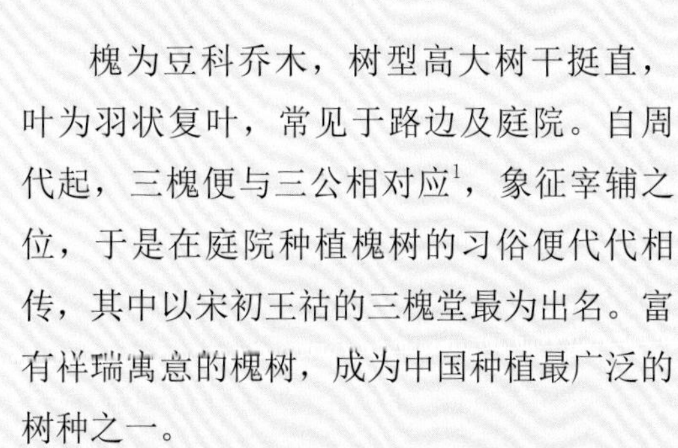

槐为豆科乔木，树型高大树干挺直，叶为羽状复叶，常见于路边及庭院。自周代起，三槐便与三公相对应[1]，象征宰辅之位，于是在庭院种植槐树的习俗便代代相传，其中以宋初王祐的三槐堂最为出名。富有祥瑞寓意的槐树，成为中国种植最广泛的树种之一。

除了原产于中国的国槐，目前还有另一种槐树品种也十分常见，名叫刺槐，又称洋槐。刺槐原产于北美，一般作为蜜源使用，很少入药或染用。刺槐的花期为春季，花朵呈白色，饱满繁多；而国槐的花期则在盛

1 《周礼》，第 35 卷，页数不详。原文为：“面三槐，三公位焉。”

对页图片：槐米与蓼蓝渐变染熟丝织物

本草学名：Sophora japonica L.
本草品名：槐
本草科属：豆科
染色部位：槐花或槐米（花蕾）
染色方式：煎煮色液
媒染方式：铝媒染呈亮黄色调，铁媒染呈黑绿色调

夏，花朵呈淡黄色，纤小疏朗。

槐树生长至十余年后方可开花结实，槐花既可以烹调食用，又可以代茶煎饮。夏季槐花初蕾未开，被称为槐蕊或槐米。此时收取槐米，或将其煮沸捏饼，或将其炒熟，用以染色。

将干燥的散花或花饼煎水，熬煮去渣、制取染液，用50～60℃的温度进行染色，经明矾媒染后，可获得十分鲜亮的黄色。如用新鲜槐花进行染色，工艺虽然相同，但颜色会比较素浅，不够艳丽。槐花与槐角对铁离子均非常敏感，经皂矾媒染后可染制出从灰绿至黑绿的深浅色彩。

槐花所染黄色，是染制传统绿色的重要底色。按《天工开物》[1]《物理小识》[2]《大明会典》[3]等文献记载，用槐花经明矾媒染作为底色，盖以靛青，并按照颜色的深浅与色调来加减染料，可染制出官绿色、绿色、黑绿色；将槐花染成淡色，并经皂矾媒染，可获得油绿色。

槐花所染黄色，又是染制传统红色与小红色的重要底色。较为简易的方式是将槐花炒香，与苏木一起熬制成染液；较为复杂的方式是先将槐花炒香煎水，加入白矾浸染黄色，再将苏木煎水，加入黄丹浸染成红色。槐花与苏木染制的红色十分鲜亮，但要避免日晒以防褪色变色[4]。

1　《天工开物》，第 3 卷，第 49-50 页。
2　《钦定四库全书·物理小识》，第 6 卷，第 42-43 页。
3　《大明会典》，第 201 卷，第 2 页。
4　《钦定四库全书·物理小识》，第 6 卷，第 41 页。

对页图片：河南柘木木片

柘

◆ 考工记云：弓人取材以柘为上。其实状如桑子，而圆粒如椒，名佳子（佳音锥）。其木染黄赤色，谓之柘黄，天子所服。相感志云：柘木以酒醋调矿灰涂之，一宿则作间道乌木纹。物性相伏也。

——（明）李时珍《本草纲目》
第36卷·木之三（灌木类）·第6页

柘为桑科植物，在李时珍的《本草纲目》中，柘排在桑之后，是灌木类的第二种本草。在中国古代，食靠农耕衣靠蚕桑，桑柘之叶均可用于饲蚕，因此桑柘并重，与祈蚕之礼密不可分，自先秦时就有在农历三月保护桑柘免遭采伐、后妃命妇亲躬蚕事的月令[1]。

柘树在中国的种植时间悠久、种植区域广泛。柘树生长缓慢，每隔3至5年，会长出一条清晰漂亮的金丝线，其中，广西等南方地区的柘木颜色浅亮，金丝线较为疏散；河南等中原地区的柘木颜色深沉，金丝线较为密集。

柘木通身是宝，是中国古代非常重要的树

1 （汉）郑玄注、（唐）陆德明音义：《礼记》，相台岳氏家塾本，第5卷，第7页。相关原文为："季春之月……是月也，命野虞无伐桑柘……后妃齐戒，亲东乡躬桑。禁妇女毋观，省妇使以劝蚕事。"

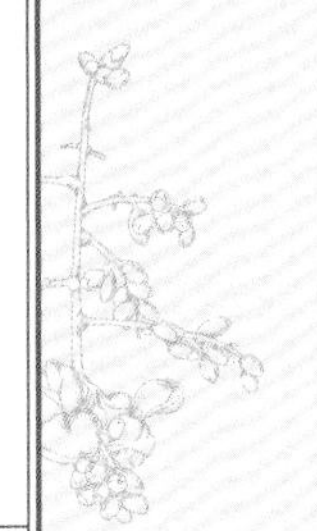

对页图片：南柘木树干、北柘木手镯与柘木染羊毛织物

本草学名：Maclura tricuspidata
本草品名：柘
本草科属：桑科
染色部位：枝干
染色方式：煎煮色液
媒染方式：无媒染或铝媒染呈金黄色调，铁媒染呈褐黄色调

种。柘树枝干的木质紧密而有弹性，自古便是制弓良材，用于制造乌号之弓，《考工记》更是将柘树枝干作为七种弓材之首[1]；柘树枝干还用于可制作家具，纹理独特、风格鲜明。柘树之根皮可以入药，具有化瘀止血、清肝明目的功效。柘树之叶可以替代桑叶用来饲蚕，用柘蚕所吐的丝制作琴瑟之弦，清鸣响亮，胜于凡丝[2]。柘树之果可以饱腹或制作果酒，以备救荒。

在柘木的所有用途之中，最为关键的无疑是其染黄属性。柘木之干可以染制出浓郁的金黄色调，因此又被称为黄金木。“陈桥一夜柘袍黄，天下都无鼾睡床”[3]，柘木所染黄袍成为历代帝王的象征，从隋文帝制柘黄袍听朝，至明朝帝后的专色服装色彩，“天子所服”的柘黄色在中国传统色彩制度中扮演着十分重要的角色。

染色时先将柘木切成段，刨去白皮，显露出黄褐色的树芯。将树芯部分劈开、剉切成条状或打碎成粉状，用冷水浸泡一晚，煎水以获取染液，用50～60℃的水温进行浸染。通过染色实践发现，柘木无媒染或经铝媒染可获得从浅黄至金黄的色调，经铁媒染可获得褐黄至褐绿色调。

1 《周礼》，第 42 卷（《考工记》），页数不详，原文为：“凡取干之道七 ，柘为上。”
2 （宋）陆佃：《埤雅》，四库全书本，第 14 卷，第 8 页。
3 此诗收录于元代欧阳玄的《圭齐文集》，明成化刊本，第 3 卷，第 8 页。此诗题为《陈抟睡图》，描写了宋太祖赵匡胤黄袍加身，陈桥兵变的场景。

对页图片：栀子果

卮 子

◆［别录曰］卮子生南阳川谷。九月采实，暴干。［弘景曰］处处有之。亦两三种小异，以七棱者为良。经霜乃取，入染家用，于药甚稀。

◆［时珍曰］卮子叶如兔耳，厚而深绿，春荣秋瘁。入夏开花，大如酒杯，白瓣黄蕊，随即结实，薄皮细子有须，霜后收之。蜀中有红卮子，花烂红色，其实染物则赭红色。

——（明）李时珍《本草纲目》
第36卷·木之三（灌木类）·第15-17页

卮子现称栀子，又名木丹、越桃、鲜支，属茜草科常绿灌木。栀子于春夏季开花，花为白色单层花瓣；于夏秋季结实，初青熟黄，形状像古代酒器卮，因此而得名。目前另有一种观赏类重瓣栀子，花型大而多层，芳香浓郁，但所结的果实十分细小，通常不作为药用、染用与食用。

栀子原产于中国，是种植历史十分悠久的传统本草品种。农历九月下霜后采收果实，药用时有泻火除烦、清热利湿、凉血解毒的功效，同时，栀子果实也是非常重要的传统黄色染料，随着时间的推移，栀子的药用功能逐渐被染用功能所替代，最终如南

对页图片：栀子果染熟丝织物

本草学名：Gardenia jasminoides Ellis
本草品名：栀子
本草科属：茜草科
染色部位：果实
染色方式：煎煮色液
媒染方式：无媒染或铝媒染呈橙黄色调

朝陶弘景所述，“入染家用，于药甚稀”[1]。

中国古人用栀子染黄的历史十分悠久，最早可追溯到先秦时期，汉代已出现“若千亩卮茜”的壮观场景[2]，“鲜支黄砾”的景色也出现在汉代宫苑上林苑中[3]。栀子染制的明黄色鲜艳夺目，除了染制绢帛外，也是常用的食物染料。

将栀子果实采收、晒干、捣碎，加水煎煮，滤渣后制得染液，用50～60℃的水温进行浸染，无媒染或经铝媒染可获得非常鲜亮的明黄色。栀子所染黄色日久容易褪色，通过染色实践发现，在用栀子进行染色时可适量加入其他染料作为辅助，以获得更好的染色持久性，如槐花、黄栌、黄檗、荩草、山矾、五倍子等。

1　陶弘景所著的《本草经集注》古籍原本未能找到，但宋代唐慎微曾在其著作中引用了陶弘景的描述。见（宋）唐慎微：《类证本草》，四库全书本，第13卷，第29页。
2　（汉）司马迁、（宋）裴骃集解、（唐）司马贞补：《史记》，武英殿本，第129卷（货殖列传），第69页。
3　司马相如在《上林赋》中描述了“鲜支黄砾，蒋芧青薠”的景色。（汉）司马相如：《司马长卿集》，明代刻本，第6页。

山 矾

◆ 野人采叶烧灰，以染紫为黝，不借矾而成。子因以易其名为山矾。

◆ 其叶味涩，人取以染黄及收豆腐，或杂入茗中。按沈括笔谈云：古人藏书辟蠹用芸香，谓之芸草，即今之七里香也。

——（明）李时珍《本草纲目》
第36卷·木之三（灌木类）·第28-29页

“香远花繁叶耐冬，人人道与木犀同，一般赛得木犀过，能为人间报岁丰。”[1]山矾又名芸香、椗花、柘花、玚花、春桂、七里香、海桐树，多生长在于江浙地区的山野林间之中，木高数尺，凌冬不凋。农历三月山矾开花，花小繁多、色白如玉，香馥浓烈，又名郑花，是唐诗二十四番花信风的大寒三候之花。

山矾树叶可以用来煎汤浴沐，也可囊枕明目，又可防辟书虫。古人采其花叶用以染色，可以不借明矾而直接染制成鲜嫩的黄色，故名山矾。

将山矾的枝叶烧灰入染家，既可作为天

1　题为《山矾》，宋代陶梦桂作。摘自（宋）陶梦桂：《平塘陶先生诗》，民国宜秋馆刻，第2卷，第6页。

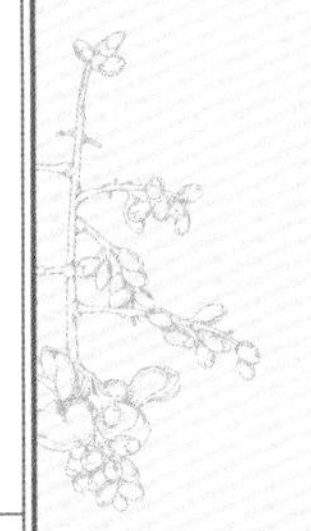

对页图片：山矾叶直接染（右）与山矾叶盖蓼蓝染（左）熟丝织物

本草学名：Symplocos sumuntia
本草品名：山矾
本草科属：山矾科
染色部位：山矾叶
染色方式：煎煮色液
媒染方式：无媒染呈淡黄色调

采摘新鲜山矾叶并晒干保存，既可作为混合染料使用，也可直接烧灰作为媒染剂使用。

然矾收色、压色[1]，也可作为染制黝紫色的媒染剂[2]。宋仁宗时，南方染工将这种黝紫色进献于皇室，受到大力推崇，用作为朝袍之色，后颁布服紫禁令[3]。

将山矾叶采摘、晒干，加水煎煮，过滤叶渣收取染液，用50～60℃的水温进行浸染，无需媒染便可获得鲜嫩的黄色。山矾之黄可作为底色，与浅色蓼蓝叠加时可染制出明亮的水蓝色。通过染色实践发现，在用其他本草（尤其是需经铝媒染的本草）进行染色时，如槐花、苏木、荩草等，可在煎煮时配伍适量的山矾叶，以提高色彩的鲜亮度，并在一定程度上提升染色的牢固度与持久度。

1　（宋）刘学箕：《方是閒居士小稿》，元至正二十年屏山书院刻本，下卷，第33页。
2　（明）王世懋：《学圃杂疏》，明万历间绣水沈氏刻宝颜堂秘笈本，第10页。
3　（宋）王栐：《燕翼诒谋录》，四库全书本，第5卷，第1页。

对页图片：栾华花与蓼蓝鲜叶渐变染熟丝织物

栾华

◆［别录曰］栾华生汉中川谷。五月采。［恭曰］此树叶似木槿而薄细。花黄似槐而稍长大。子壳似酸浆，其中有实如熟豌豆，圆黑坚硬，堪为数珠者，是也。五月、六月花可收，南人以染黄甚鲜明。

——（明）李时珍《本草纲目》
第35卷·木之二（乔木类）·第78页

栾华花

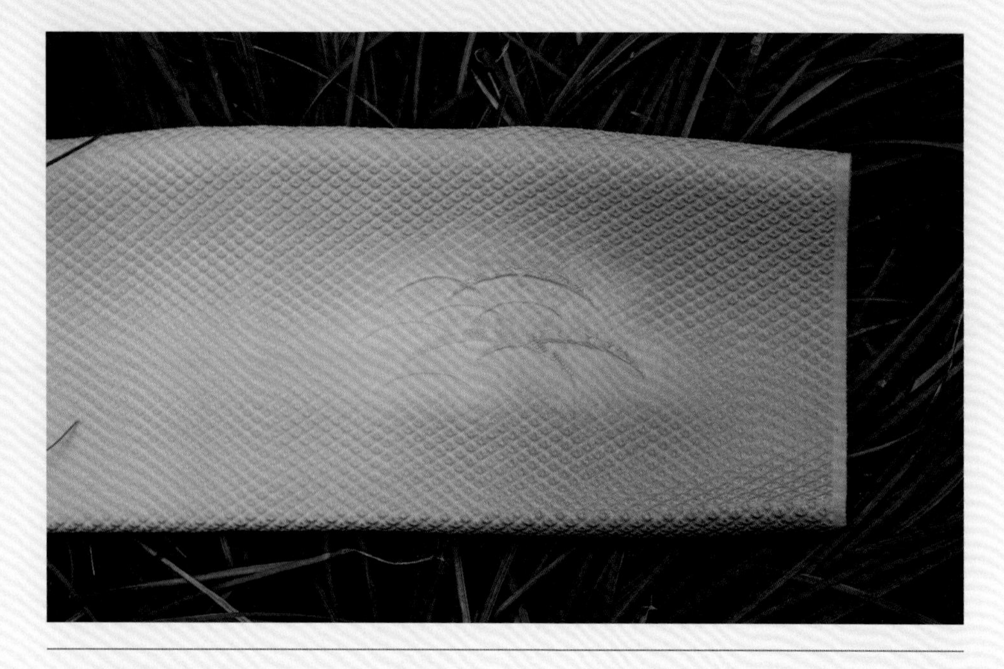

本草学名：Koelreuteria paniculata
本草品名：栾树
本草科属：无患子科
染色部位：栾树花
染色方式：煎煮色液
媒染方式：无媒染或铝媒染呈浅黄色调

栾树又名灯笼树，是川谷山间的常见乔木，叶薄，形似木槿，嫩芽叶煠熟后可以调食救饥，入秋叶色转黄，可供观赏；花黄，比槐花略长，夏季成簇开放，可以入药，以消目肿；籽黑，圆而坚硬，名为木栾子。

趁花期将新鲜栾树之花采摘、阴干，贮存备用。染色时选取新鲜或干燥花朵，加水煎煮，滤渣后制成染液。将生丝丝线或生丝面料浸入明矾液15分钟左右进行预媒染，然后再将其浸入50～60℃水温的染液进行染色，可染制出嫩黄色。如果使用熟丝或羊毛制品，所染的黄色则非常浅淡。

根据《本草纲目》的记载，栾华之花“染黄甚鲜明”，但通过染色实践发现，栾华所染之黄并非如其花色般鲜亮，且有关栾华染色的文献记载极少，一方面，需通过更多文献阅读与染色实践，才能进一步对栾华所染之黄有更多的了解与掌握；另一方面，也说明在漫长的中国传统染色史中，栾华并不是主流的染黄本草，其药用功能仍然大于其染用功能。

我朱孔阳

红色系

茜草　红蓝花　苏方木　紫铆　虎杖　檀香

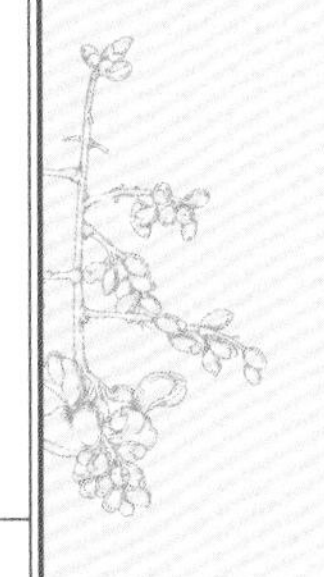

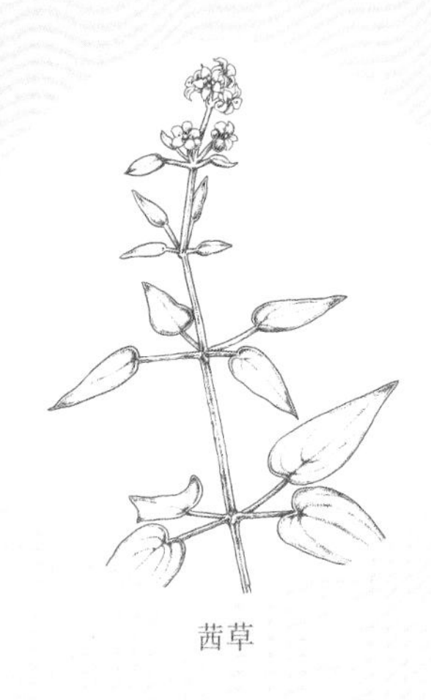
茜草

红花

红色在中国传统文化中象征吉祥与喜庆，在诸多传统色彩中地位非常特殊。红花取其花，茜草取其根，苏木取其木，构成了中国传统染红技艺中最为重要的三种植物染料。茜草为茜草科植物，在《本草纲目》中属蔓草，广泛分布于中原地区，是中国原产的红色染料。红花为菊科植物，在《本草纲目》中属隰草，原分布于埃及与印度地区，由西域沿陆路输入中原，为陆上丝绸之路的重要贸易商品。苏木为豆科植物，在《本草纲目》中属乔木，原分布于东印度到马来半岛之间，由南方沿海路输入中原，为海上丝绸之路的重要贸易商品。作为中国本草药材，茜草、红花与苏木均有活血祛瘀的功效；而作为中国传统本草染材，茜草的土红、红花的真红与苏木的木红交织在一起，共同勾勒出中国传统红色的面貌。

苏木

紫铆

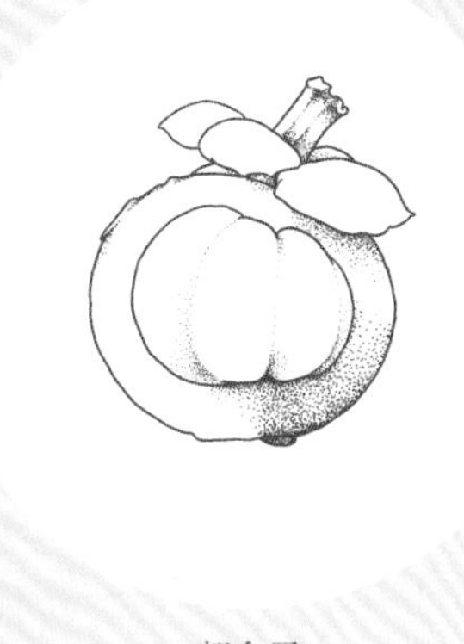
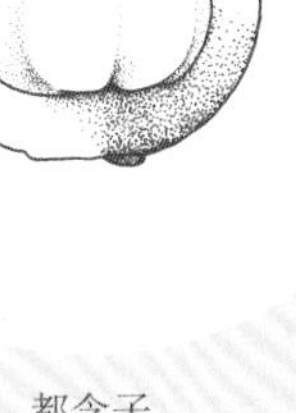

都念子

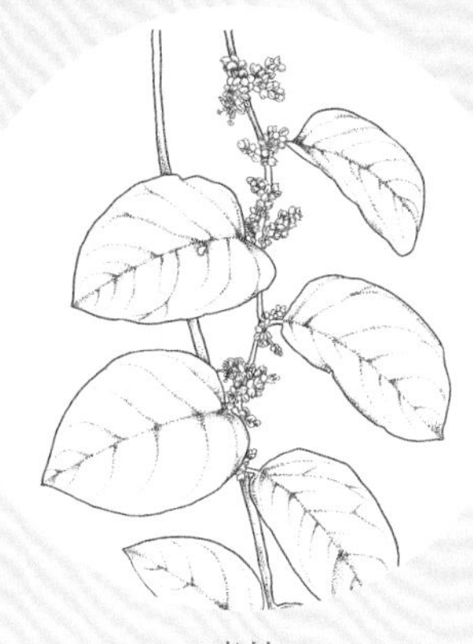

虎杖

紫铆是中国传统动物性染料，自古为南方贡品，所染之赤色浓烈。因原料珍贵稀有，常被用于制作红色颜料与胭脂。

虽然根据《本草纲目》记载，冬青叶可染制绯色，但经染色实践发现，冬青所染为绿色调，有待今后通过更多实践与尝试获得进一步结论，因此本书暂不对其进行讨论。此外，《本草纲目》中还列出了橉木（木入染绛用）、都念子（花似蜀葵，小而深紫，南中妇女多用染色）、落葵（其子紫色……揉取汁，红如燕脂，女人饰面、点唇及染布物，谓之胡燕脂，亦曰染绛子，但久则色易变耳）三种植物染料，以及猩猩血（西胡取其血染毛罽不黯）、狒狒血（血堪染靴及绯）两种动物性染料，均不是典型的传统红色染织染料，本书也不再细述。

冬青

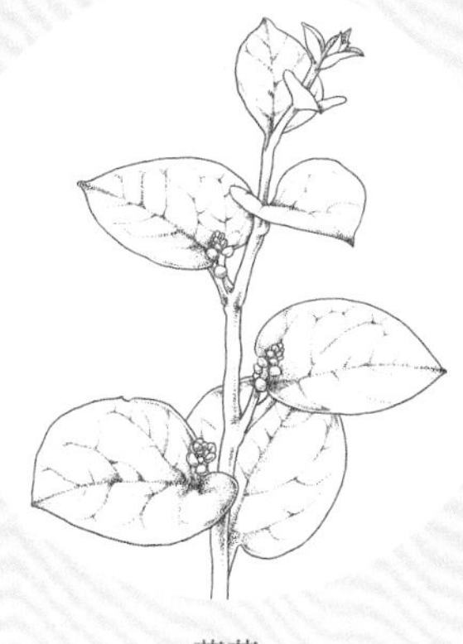

落葵

对页图片：湖北新鲜茜草

茜草

◆［别录曰］茜根生乔山川谷。二月、三月采根曝干。又曰：苗根生山阴谷中。蔓草木上。茎有刺，实如椒。［弘景曰］此即今染绛茜草也。东间诸处乃有而少，不如西多。

◆［保昇曰］染绯草，叶似枣叶，头尖下阔，茎叶俱涩，四五叶对生节间，蔓延草木上。根紫赤色，所在皆有，八月采。

——（明）李时珍《本草纲目》
第18卷·草之七（蔓草类）·第50-52页

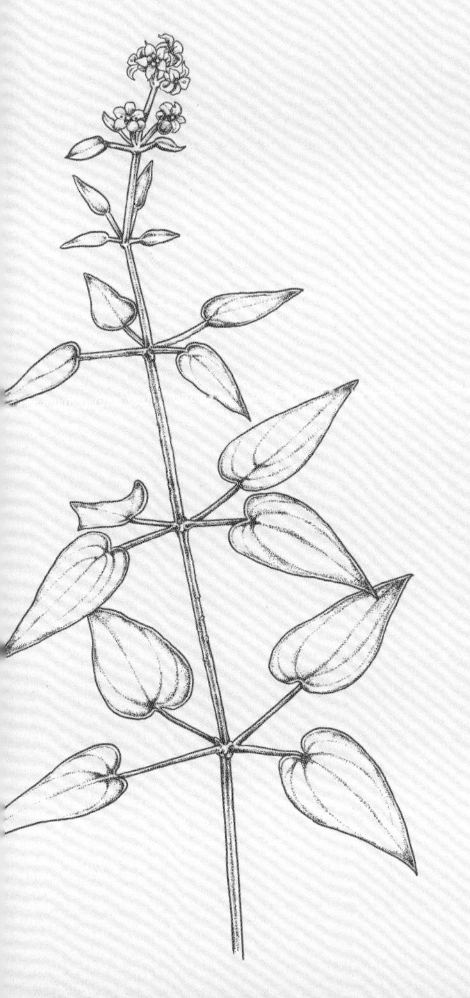

茜，音倩，又名茅蒐、茹藘、地血、染绯草、血见愁、风车草、过山龙、牛蔓等，是山野路边常见的多年生蔓草，叶片多为4～6叶轮生，药用与染用部位均为根部。茜草根富含茜素，是中国最为古老的染红本草。在红花、苏方木、紫胶虫等其他红色染料植物大量普及之前，茜草在很长一段历史时期里，是中国红色染料的主要来源。

目前市售茜草主要有中国茜、日本茜、印度茜和西洋茜，其染红效果也有所不同。其中，印度茜所染红色十分鲜亮，而中国茜（以河南为典型产地）则品种繁多、染色效果差异明显。本书中染色实践所用的茜草，均使用印度茜草。

茜草含有多种色素，在使用茜草（尤其是中国茜）进行染红时，为了尽可能避免杂色干扰，提高红色的饱和度，在染制时需注意以下几点：1. 茜草选择：市售茜草分为干货与新鲜两大类，在选择干

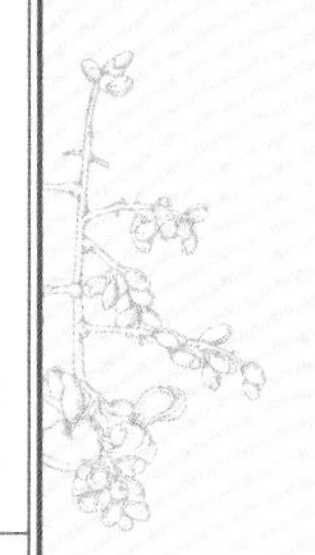

对页图片：印度茜经明矾媒染熟丝织物

本草学名：Rubia cordifolia L.
本草品名：茜草
本草科属：茜草科
染色部位：根
染色方式：加酸煎煮色液
媒染方式：铝媒染呈暖红色调

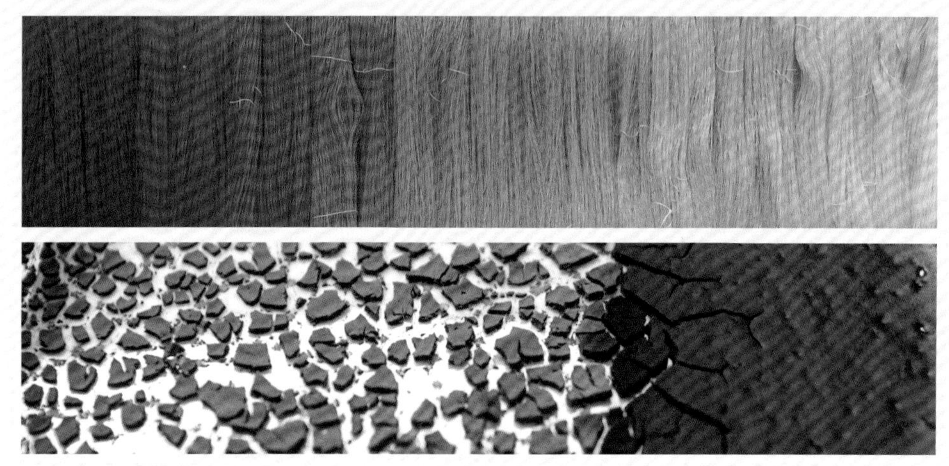

上图：印度茜经明矾媒染生丝丝线
下图：干燥过程中的印度茜颜料（经明矾媒染并过碱液沉淀）

茜草时，茜草茎杆（地上部分）与茜草根（地下部分）相互混杂难以分辨，会在不同程度上影响染色效果，需尽可能选择可溯源的原材。在选择新鲜茜草时，需洗去泥土剔除杂枝，将根切片或对开剖开，再进行发酵或晒干处理。2. 酸性环境：茜红素需在酸性环境下才能有效释放，酸性的获得可通过两种途径，一是对新鲜茜草进行发酵酸化处理再进行煮染，二是在煮制干燥茜草时加入食醋或乌梅，使染液呈酸性。3. 明矾预媒染：将待染丝线或面料先浸泡在明矾液中15～20分钟后，方可进行染色。如果采用同媒染或后媒染，染色效果会受到很大影响。4. 迅速加温、高温染色：为了更好地释出茜红素，染色时的染液水温需保持在80～90℃，在染色过程中也要持续加温，以防染液温度过高或过低，产生杂色。

对页图片：红蓝花

红蓝花

◆［颂曰］今处处有之。人家场圃所种，冬月布子于熟地，至春生苗，夏乃有花。花下作梂猬多刺，花出梂上。圃人乘露采之，采已复出，至尽而罢。梂中结实，白颗如小豆大。其花暴干，以染真红，又作胭脂。

◆［时珍曰］红花，二月、八月、十二月皆可以下种，雨后布子，如种麻法。初生嫩叶、苗亦可食。其叶如小蓟叶。至五月开花，如大蓟花而红色。侵晨采花捣熟，以水淘，布袋绞去黄汁又捣，以酸粟米泔清又淘，又绞袋去汁，以青蒿覆一宿，晒干，或捏成薄饼，阴干收之。

——（明）李时珍《本草纲目》
第15卷·草之四（隰草类上）·第27-28页

红蓝花又名红花、黄蓝花，属一年生草本菊科植物，花初开时为黄色，后逐渐转为赤黄，叶颇似蓝，因此得名。

大多数研究者认为，红花原产于埃及和近东地区，从中亚地区传播至中国西域，后由张骞在西域地区获得种子，在北方广为种植，再传播至中原地区，迅速发展至全国各地，最后又北上传至日本与朝鲜。这条漫长的自西至东的染料传入线路，与自东向西的丝绸输出线路，共同形成了陆上丝绸之路古代染织贸易的双向轨迹。

红花耐寒耐旱、怕涝怕热，种植区域较为广泛，根据不同气候，种植时间基本可分为以下两种：第一种是从农历十二月（越

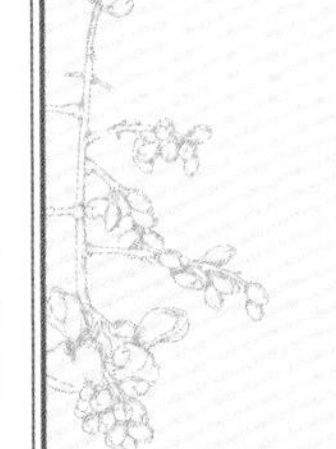

本草学名：Carthamus tinctorius L.
本草品名：红花
本草科属：菊科
染色部位：花瓣
染色方式：酸碱法提取色液
媒染方式：用碱液溶解红色素，用酸液沉淀红色素

冬）至二月进行春种，于五月入夏后采摘红花，常见于江浙地区，以便能在梅雨季到来之前完成采摘与加工；第二种是在农历五月种植晚花，七月中采摘，常见于新疆等西部地区，以避开寒冷的春季。根据《齐民要术》记载，晚花色彩深而鲜明，比春种的红花更好。

传统红花品种的叶子长有多而尖的锐刺，经品种改良后的无刺红花品种，虽然叶上的刺明显减少，但是采摘时还是容易被刺扎到。采摘红花全部依赖人工，

清晨采红花，此时花瓣带露而挺直，易于摘取

一定要趁着晨露天凉、锐刺较软、花未闭合之时，迅速摘取花冠部分的挺立花瓣。太阳完全升起以后，花瓣会因水分流失而蔫耷，锐刺也会变得硬挺，采摘就更为艰难。采摘下来的新鲜红花，作为药用时只需进行晒干处理，而作为染用时还可进行杀花、发酵或制饼处理，以便更有效地进行色素转化，并延长染料保存期限、压缩染料体积。

红花是制作传统胭脂的主要色料，在古代中国，染匠们通过复杂的工艺将红花染成珍贵的红色系，《天工开物》中记载的红花所染之色有猩红色、大红色、莲红色、桃红色、银红色、水红色。与中国本土的茜草染料相比，红花所染色彩娇艳鲜亮，被称为"真红"。红花染色技术传入日本后受到皇室推崇而成为专用色彩，其中，最深最浓的红色被称为"唐红"，用栀子或郁金染黄后再盖以深红的颜色被称为"朱华"，以浅蓝色为底盖以红蓝花的艳丽紫色被称为"二蓝"。

在化学染色替代传统染色的今天，红花的经济价值已不再是染用，而是药用（花瓣部分）与油用（花籽部分），植物染者所用的红花原料，也基本购于中药商店。对染者来说，红花除含有少量红色素外，还含有大量黄色素，如欲染红，

午后晒红花，花瓣颜色在发酵作用下由橙色转为鲜红色

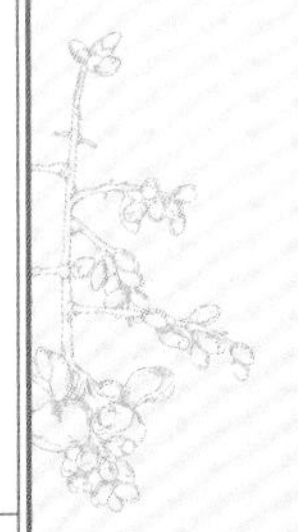

对页图片：红花（干花）染绞缬熟丝织物

散花法：杀花后进行发酵，摊开晒干　　捏饼法：杀花后进行发酵，做成薄饼

须预先洗去黄色素；但对医者来说，则无需分离黄、红两种色素。作为传统中药材的处理方式，红花种植者只需在采摘后将花瓣晒干，脱水保存即可。在晾晒过程中，红花在温度与湿度的共同作用下发生着微发酵，部分黄色素逐渐向红色素转换，红花颜色也由橘变红。晒干是最为简单的红花处理方式，染者从中药店购得干红花后，同样也可以用来染制红色。但是，因干红花未经过杀花处理，黄色素含量依然不少，染制较深的红色时，既需要更长时间浸水去黄，也需要更多染料与更多染色次数。

与药用工艺比，染用红花的加工工艺则复杂很多。摘取新鲜红花后，需马上将黄色素去除与转化，这一工艺被称为“杀花”。《齐民要术》《农桑衣食撮要》《天工开物》《本草纲目》 四本文献中均记载了杀花法：摘取红花后马上用碓棒将花捣烂，分别用清水、粟饭浆加醋淘洗两次，装入布袋绞去黄汁。杀花后将红花静置发酵一晚进行色素转换，待红花的颜色变成深红色后，再用散花法或捏饼法进行晾晒保存。在杀花的过程中，一部分黄色素被清洗，另一部分黄色素又在发酵的过程中被转化，因此，经杀花处理的红花，红色素含量更高，可染制出深而浓的红色。但杀花工艺必须使用新鲜采摘的红花，需在产地当季完成，对于普通染者而言较难实现。

红花主要含有两种色素：黄色素与红色素。两种色素对酸碱的溶解度不同，通过配置不同pH值的溶液，可分别析出黄色素与红色素，得以染色。中国传统染红工艺中使用的碱剂为草木灰，是由乡间常见的农用植物经充分燃烧后所得的灰色残余物，如豆秸灰、稻槁灰、茶树灰、藜灰、茶籽壳灰等；酸剂为乌梅水。

黄色素溶于中性水和酸液，通过常温浸泡就可获得，可以推断，黄色是古代人们最早利用红花所获得的色素，在与来自伊朗的传统染色学者进行交流时也获此信息。但是红花的黄色素非常不稳定，虽然可通过加热染液的方式加以改善，但是仍然无法用来染制黄色。红花的黄色素通常或用来作为其他黄色染料的底色，或作为食用色素使用，或用来制作黄膏。

红花的红色素不溶于中性水和酸液，但能溶于碱液。浸泡红花去黄后，将红花置于pH值约为10～11的草木灰汁中，红色素便可从植物中析出并溶解于灰汁，红花花瓣也由原先的红色变成灰黄色。将花渣捞净、挤干并将灰汁过滤，在灰汁中加入乌梅汁使其pH值下降至中性，这时红色素开始沉淀，此时将丝线或面料放入灰汁，红色素便可进入纤维结构内部，达到着色的效果。继续加入乌梅汁使其pH值继续下降至5～6，直至红色素完全附着于丝线或面料。

与绝大多数植物染料不同，红花的红色素，无论对于纤维素纤维还是蛋白质纤维，都有很好的亲和力，因此，红花的红色素可以着色于棉、麻、丝、毛这四种天然纤维之上。红花的黄色素则不同，它只能用于染制蛋白质纤维，而在纤维素纤维中上色效果很差。利用这一特性，古代染匠常常用棉麻织物来提纯红花的红色素。首先，用红花染棉麻织物，利用黄色素无法在棉麻织物上着色这一特点来获得更为纯粹的红色，然后，再将这些红色棉麻织物作为色素来源，将纯粹的红色素再次通过酸碱法染制在丝线或丝织物上，制作红花膏染纸或制作胭脂时，采用的也是这种提纯工艺。

红花浸泡草木灰液前（左）与浸泡草木灰液后（右），红色素在此过程中溶于灰液中。

对页图片：苏木枝叶

苏方木

◆［恭曰］苏方木自南海、昆仑来，而交州、爱州亦有之。树似庵罗，叶若榆叶而无涩，抽条长丈许，花黄，子生青熟黑。其木，人用染绛色。

◆［时珍曰］按嵇含南方草木状云：苏方树类槐，黄花黑子，出九真。煎汁忌铁器，则色黯。其木蠹之粪名曰紫纳，亦可用。暹罗国人贱用如薪。

——（明）李时珍《本草纲目》
第35卷·木之二（乔木类）·第91-92页

苏方木又名苏枋、苏木，为豆科乔木植物，原分布于东印度到马来半岛之间，由南方沿海路输入中原，为海上丝绸之路的重要贸易商品。

目前可见的最早记载苏木的文献，为晋代嵇含所著《南方草木状》，录于《说郛》《百川学海》等刊木。绝大部分刊本中的内容均为“南人以染绛”[1]，唯有上海涵芬楼版《说郛》为“南人以染黄绛”[2]。按后人注解，苏木根部可用以染黄，但因尚未将苏木之根付诸染色实践，是否可用于染黄还不得而知，且涵芬楼版本晚于哈佛燕京图书馆藏版本，“黄”字是否为刊误也不得而知。苏木下热水

1　（明）陶宗仪、陶珽：《说郛》，版本不详，哈佛燕京图书馆藏，第104卷，草木状中，第4页。

2　（明）陶宗仪：《说郛》，涵芬楼1927年11月影印版，第87卷，南方草木状中，第6页。

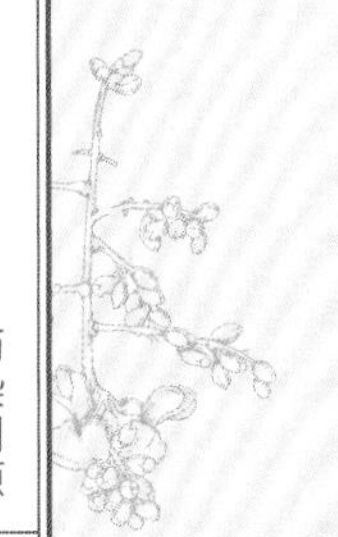

本草学名：Caesalpinia sappan L.
本草品名：苏木
本草科属：豆科
染色部位：枝干
染色方式：煎煮色液
媒染方式：铝媒染呈红色调，铁媒染呈灰紫色调

后即可见桃红色，染色性能直观明了，我们可以由此假设，南方人将苏木作为染料的历史，应该比我们已知的晋代更为久远。

继《南方草木状》之后，苏木作为药材陆续出现在各类医书中。苏木是阳中之阴，降多升少，可用于行血破血，在唐代《外台秘要》、明代《济阴纲目》《医学纲目》《证治准绳》《普济方》、清代《古今图书集成》等诸医学文献中，均记载了用苏木治疗产后血晕的验方。如遇病人急症发作无法获得苏木，也可取绯衣煮汁服用。这道验方可以佐证，最晚自唐代起[1]，苏木已是兼为染材与药材的重要本草植物。

苏木在晋代的使用与贸易详情我们不得而知，但最晚到唐代时，苏木贸易已十分繁盛，我们从诗句“苏方之赤，在胡之舶，其利乃博”[2]中便可窥之一二。需求驱动着商贸，商船载着高利润的苏木木材，从扶南、林邑等地一路向北，直至胡地。唐代万安州大首领冯若芳，就因常劫波斯商船，宅后苏木堆积如山，富可敌国[3]。中原地区通过民间商贸活动开始大量使用苏木，并将苏木作为唐物输入日本。除此之外，从北宋至清代，苏木多次作为钱俶、眉丹流国、占城、彭亨、览邦、苏门答剌、暹罗、琉球[4]等地的贡品进献给朝廷，甚至明王朝曾在郑

1　《外台秘要》一书的撰写时间为唐代，为王焘搜寻古代医方集结而成，因此，苏木的始用时间虽然不详，但很可能早于唐代。

2　出自唐代诗人顾况的《上古之什补亡训传十三章·苏方一章》。

3　[日]真人元开撰、梁明院校注：《世界著名游记丛书·鉴真和尚东征传》，中国旅游出版社、商务印书馆 2016 年版，第 51 页。

4　钱俶，吴越国王；眉丹流国，古国名，今马来半岛附近；占城，古国名，今越南西南部；彭亨，马来亚地区东部；览邦，西南海中；苏门答剌，印度尼西亚古国；暹罗，古国名，在今泰国；琉球，古国名。参见龚予、陈雨石、洪炯坤主编的《中国历代贡品大观》一书。

苏木经明矾媒染生丝丝线

和首次海航购得大量苏木后，就开始用其折换支付军士冬衣费用[1]及赏赐官员，苏木贸易进入国家战略层面，成为货币的代用品。不难想象，无论是作为商品还是作为贡品的苏木，在古代商贸史上始终价值不菲，其商业传播也都与古老的海丝贸易密切相关。

苏木是一种极为敏感的植物性染料。怕晒怕风、怕雨怕霉、怕酸怕碱，同时苏木品质、面料差异、染色技法等变量又加剧了苏木染红的不稳定性。苏木的高敏感性，在进行传统染色时常常被定义为一种缺陷，如清代吴其濬曾述，江南以苏木为底盖以红花，用来降低红花染的售价，但风日炎曝、雨霉沾湿，都会产生斑驳点涴，失去应有的光芒[2]，字里行间，露着对苏木染色的不满与轻视。但如果我们将苏木的高敏感性定义为一种特性，那么苏木便有了更为广阔的应用领域，如当代医学研究者从中提炼出苏木精，利用其酸碱变色的原理，制作出细胞学染色剂。

野生苏木生长速度缓慢，无法满足来自染材市场与药材市场的双重需求，因此最晚从清代起，人工栽培便成为获取苏木的全新方式，种植期至少为10年，方

1 《大明会典》，第40卷，第1页。
2 《植物名实图考》，第14卷，第35页。

条状苏木与粉状苏木

能用于染色；而野生苏木常有百余年，效果更佳[1]。从野生变为家种后，苏木的生长速度由原来的七年生苗高4米、胸径3.5厘米，增速至五年生苗高6米、胸径5厘米[2]。与速生苏木相比，野生苏木具有白皮少、色泽深、直径粗、密度大等外观特点，《本草纲目》等医书十分强调真苏木、沉重苏木的重要性，若得中心纹横如紫角者，将增百倍功力。

根据传统中草药炮制法，苏木作为煎服药材时，需先将其锯成段后再劈成细条状，或可将其刨成大小约为3×4厘米的薄片[3]；苏木作为外用敷药为创口消炎时，则需将其研磨成粉。目前，中药商店所售苏木基本为条状，而绝大部分染者都是从中药商店购得苏木的，因此，染者所用苏木也多呈条状。但在实际染色过程中我们不难发现，条状的苏木，无论是在染料的浸润还是析出阶段，都会造成很大的浪费，如果反复煮用，又会影响着色效果。如果将苏木预先加工成刨花状或粉状再进行染色，可明显缩短煮料时间、提高呈色质量、加大染料使用率。

苏木可染制小红、木红、丹矾红、乌红等色，《多能鄙事》记载了用苏木染制小红的工艺，练帛十两需苏木四两、黄丹一两、槐花二两、明矾末一两；《天

1　（清）潘廷侯、（清）瞿云魁纂修、郑行顺校订：《康熙陵水县志·乾隆陵水县志》，海南出版社2004年版，第129页。

2　云南省药材公司：《云南药材精选》，云南科学技术出版社1994年版，第150页。

3　范崔生全国名老中医药专家传承工作室编著：《樟树药帮中药传统炮制法经验集成及饮片图鉴》，2106年版，第176页。

对页图片：苏木经明矾媒染、经皂矾媒染羊毛织物
（最上两层织物经栀子套染）

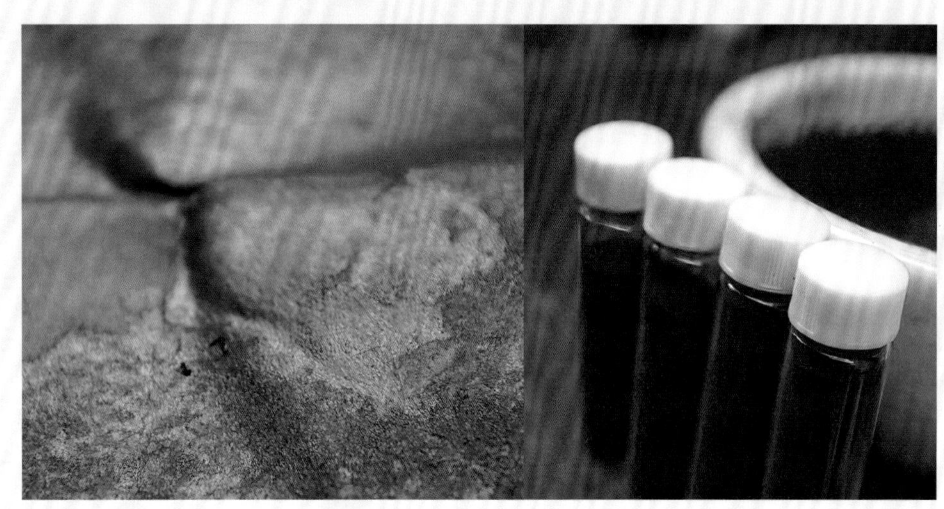

呈黄绿金属色调的苏木的玉虫色，以及将苏木膏烘干研磨后制成的苏木色粉

工开物》记载了用苏木煎水，入明矾、棓子，可染制木红；《大明会典》记载了用苏木一斤、黄丹四两、明矾四两、栀子二两可染一斤丹矾红；《正字通》记载了用苏木可染乌红。通过染色实践可知，苏木经明矾媒染（前媒染或同媒染）可获得红色调，经皂矾媒染（后媒染）可获得紫灰色调。如果将苏木染液静置一段时间后再进行过滤、染色，可染制出色相较冷的红色调。

苏木的色彩性能，除可作为植物染料运用于纺织品之外，还可以作为水色颜料运用于绘画。用作颜料时，尤其要注意苏木品质，避免灰暗偏色。在使用优质苏木制作颜料时，会出现黄绿色的荧光色调，与用红花制作小町红时出现的玉虫色原理相似。玉虫色，可作为苏木颜料品质的判断标准之一。

将苏木熬成浓汁，过滤，加入明矾水，静置、沉淀、过滤，可获得鲜亮清澄的红色液体，既可作为水色颜料使用，也可作为天然墨水使用。液体苏木颜料在纸上呈浅红色或水红色，随着在空气中氧化时间的增加，颜色会变深变暗。苏木浓汁过滤后的沉淀之物呈膏状，调入牛骨胶后可获得苏木色膏。或者可先将苏木膏进行充分晾晒或烘干，研磨成色粉后再加入牛骨胶进行使用。

对页图片：紫胶虫

紫 铆

◆［珣曰］广州记云：紫铆生南海山谷。其树紫赤色，是木中津液结成，可作胡胭脂，余滓则玉作家用之。

◆ 今医家亦罕用，惟染家须之。

◆［宗奭曰］紫铆状如糖霜，结于细枝上，累累然，紫黑色，研破则红。今人用造绵䌷枝，迩来亦难得。

◆［时珍曰］紫铆出南番。乃细虫如蚁、虱，缘树枝造成，正如今之冬青树上小虫造白蜡一般，故人多插枝造之。今吴人用造胭脂。按张勃吴录云：九真移风县，有土赤色如胶。人视土知其有蚁，因垦发，以木枝插其上，则蚁缘而上，生漆凝结，如螳螂螵蛸子之状。人折漆以染絮物，其色正赤，谓之蚁漆赤絮。此即紫铆也。

——（明）李时珍《本草纲目》
第39卷 · 虫之一（卵生类上二十三种）· 第11-12页

紫铆又名赤胶、紫矿、紫胶虫，是寄生于紫铆树细枝上的一种蚧虫。紫铆树是中国南方地区的一种豆科落叶乔木，先开花后长叶，又名胶虫树，是重要的紫胶虫寄主树种。紫胶虫会分泌一种紫红色的树脂状胶质，貌如糖霜又硬如矿石，研破后呈现出红色。采摘时可将其连枝一起折下，因而得名紫梗。李时珍在《本草纲目》中将紫铆与麒麟竭（紫铆树的树脂，又名血褐）区分开来，并将紫铆从木部移出，列入虫部。

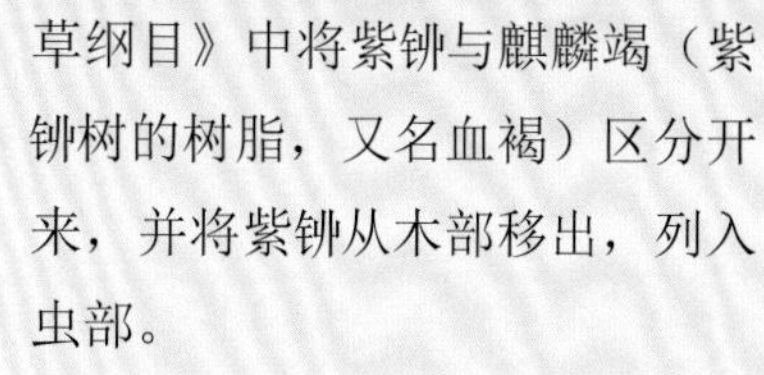

紫胶虫含有虫胶、虫蜡与色素，是中国古人利用昆虫资源的一项伟大成就，除了寄生于紫铆

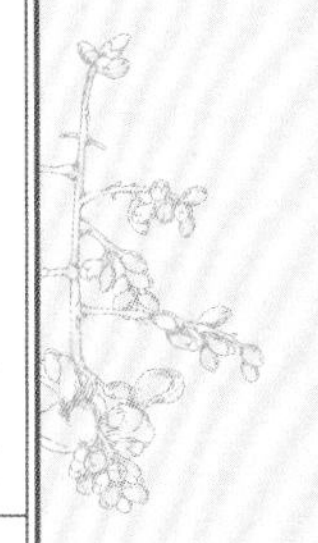

本草学名：Laccifer lacca
本草品名：紫铆
本草科属：同翅目胶蚧科
染色部位：紫铆树虫胶
染色方式：捣碎后包入布袋，煎煮色液
媒染方式：无媒染或铝媒染呈红色调

树，也可寄生于黄檀、木豆、山合欢等树种。虫胶广泛用于医药、造纸、食品等行业，色素则是非常重要的中国传统赤色染料，染家用其染制红赤色绵絮，名为蚁漆赤絮。

紫胶虫所染之色品质上佳，但因来源珍贵不易获得，除少量用于织物染色外，更多则用来制作胭脂，被称为绵胭脂。《外台秘要》中关于“面膏面脂兼疗面病方”的章节，详细记载了崔氏造燕脂法的工艺：将紫胶配以适量白皮、胡桐泪、波斯白皮蜜，依次加入沸水中，等紫胶煮熟下沉后，用生绢过滤出色液，将真丝絮或真丝绵浸于色液中，等吸满色素后用竹夹将绵絮夹起，在炭火上烘干，从浸到烘的工艺重复六七遍，即可制成；如果重复十遍以上，则可获得色彩浓郁的绵胭脂[1]。

由于紫胶虫富含胶质，在进行染色时非常容易粘附在锅壁上难以去除，因此在染色前，应先将紫胶虫碾碎，放入密实的棉布袋中，扎紧袋口防止胶体泄出。将棉布袋放入锅中，加水煮沸后改用小火煮制15分钟，取出棉布袋、过滤色液，用无媒染或明矾媒染的方式进行浸染。

1 （唐）王焘：《外台秘要》，明刻本，第32卷，第58页。

对页图片：虎杖根

虎杖

◆ [弘景曰] 田野甚多，状如大马蓼，茎斑而叶圆。[保昇曰] 所在有之。生下湿地，作树高丈余，其茎赤根黄。二月、三月采根，日干。

◆ 尔雅云：蒤，虎杖。郭璞注云：似荭草而粗大，有细刺，可以染赤。是也。

◆ [时珍曰] 其茎似荭蓼，其叶圆似杏，其枝黄似柳，其花状似菊，色似桃花。合而观之，未尝不同也。

——（明）李时珍《本草纲目》
第16卷 · 草之五（隰草类下）· 第55-56页

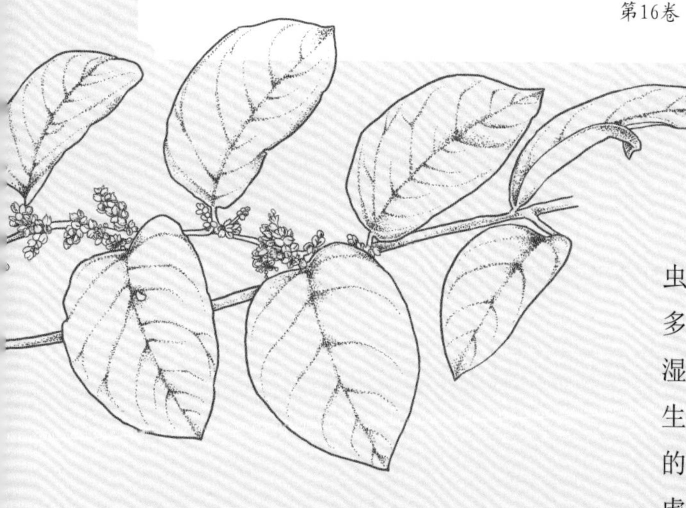

虎杖古名为蒤，又名苦杖、大虫杖、斑杖、酸杖、黄药子等，多年生蓼科草本植物，常见于阴湿的涧边路旁，是田间的常见野生植物，生长十分旺盛。虎杖名字的由来，虎因其斑，杖因其茎。虎杖茎叶均有赤斑[1]，在外观上很易辨别；春末之时虎杖发苗如竹，茎似红蓼但无绒毛。虎杖微苦微寒，具有清热解毒、散瘀止痛的功效，夏天时，人们取虎杖根和甘草同煎作饮，色如琥珀；将其放在井中可做成冷饮，用来替代茗茶，极能解暑[2]。在荒年，人们采摘虎杖嫩叶，煠熟并淘净异味，用以调食救饥。

1 （宋）郑樵：《尔雅郑注》，元刻本，卷下，第 1 页。
2 （清）陈淏子：《花镜》，清刻本，第 4 卷，第 23 页。

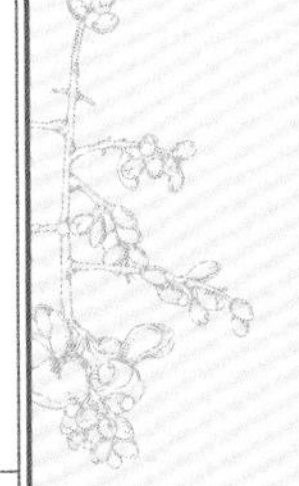

对页图片：虎杖根染熟丝织物

本草学名：Polygonum cuspidatum Sieb. et Zucc.
本草品名：虎杖
本草科属：蓼科
染色部位：虎杖根
染色方式：煎煮色液
媒染方式：无媒染或铝媒染呈棕黄色调，过碱呈赭红色调

虎杖可以染赤的记载，最早可见于《尔雅》[1]。虎杖根皮为黑色，除去黑皮之后可见黄色之根。虎杖根茎含有虎杖苷与大黄素，在侗族的传统染蓝工艺中，染人将虎杖根捣碎加入蓝缸中，这样既可以加速靛青的还原、使蓝靛更易上色，还可使青色织物泛出高雅的微红色。在中国传统饮食文化中，虎杖根汁液在制作米糕时可用于米粉的染色。

将新鲜虎杖根切片或捣碎，或新鲜使用或晒干存用。染色时先将虎杖根加水，浸泡一晚后煎煮成色液。将真丝或羊毛织物先经明矾预媒染15～20分钟，然后放入虎杖染液中浸染20～30分钟，在浸染过程中要不断地来回拨动织物，避免出现染斑。这时，织物呈现出棕黄的琥珀色调，如需进一步加深所染颜色，可将预媒染—染色的过程重复进行，直至满意为止。

完成染色流程后，将织物浸入预先准备好的草木灰水中，浸泡并拨动10～15分钟，待织物的颜色由黄转红后，取出清洗。为了避免碱性溶液对丝毛制品的伤害，可在清水中加入适量食醋或乌梅水使变成弱酸性，以中和草木灰的碱性，最后将织物洗净、阴干。

此外，根据日本箕轮直子所著的《草木染大全》一书所述，除根部之外，虎杖的茎叶也可以用煎煮法，染出米色至黄色的色调。

1 （晋）郭璞：《尔雅》，永怀堂本，卷下，第1页。

对页图片：紫檀木染熟丝织物

檀香

◆ 王佐格古论云：紫檀诸溪峒出之。性坚。新者色红，旧者色紫，有蟹爪文。新者以水浸之，可染物。真者揩壁上色紫，故有紫檀名。

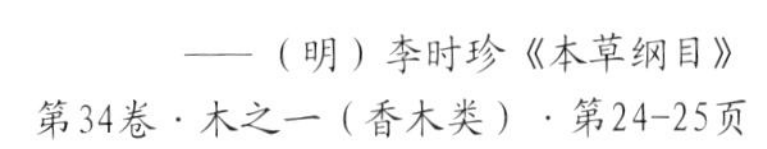

——（明）李时珍《本草纲目》
第34卷·木之一（香木类）·第24-25页

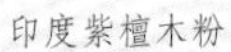

印度紫檀木粉

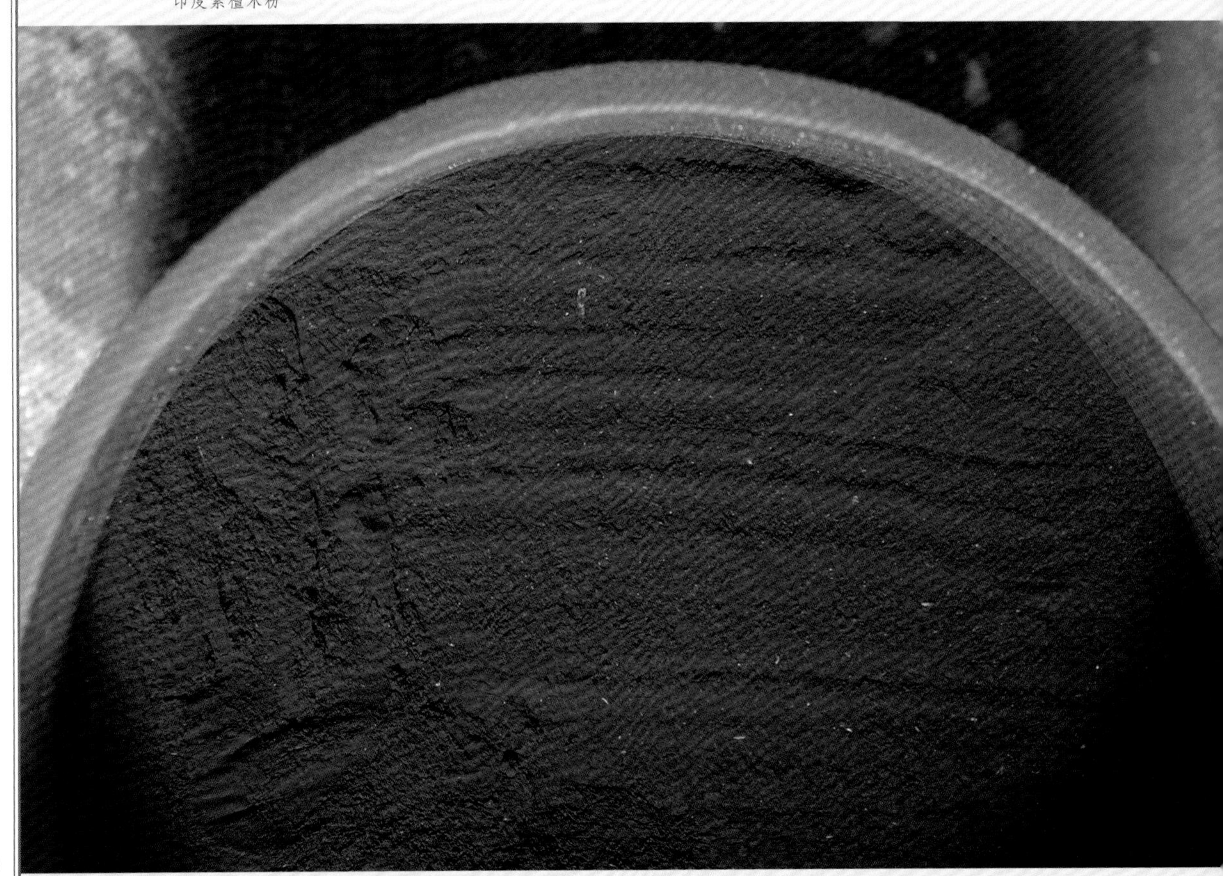

本草学名：Pterocarpus indicus
本草品名：紫檀
本草科属：豆科
染色部位：紫檀枝干
染色方式：打粉浸酒，制成色液，煎煮染色
媒染方式：无媒染或铝媒染呈红棕色调

紫檀又名紫旃，出产于交趾、广西地区，是中国传统的名贵红木树种，木质坚硬，是制作贵重家具与乐器的上等材料，同时也是重要的药材、香材与染材。紫檀木的芯材呈橙棕色，氧化后颜色变深，逐渐变成红色、黑红色。紫檀木在加工过程中产生的粉料与碎料，可用来入药、制香或染色。

紫檀木中含有大量红色素，不易溶于水但易溶于酒精。染色前可以先将紫檀木打成细粉，浸泡在适量高度白酒中2～3天，使色素溶于酒精，制成色液。将色液倒出密封保存，再加入适量白酒浸泡，直至木色之红基本褪去。混合色液，加水煮沸待用。

紫檀木宜染制蛋白质纤维（如丝、毛等织物），对纤维素纤维（麻、棉、葛等织物）的色牢度较低，容易褪色。先使用预媒染法，将真丝或羊毛织物充分浸泡在明矾热液中15分钟，再将其放入染液中浸染10分钟左右，不断来回拨动织物以防色斑产生，随后取出、清洗、绞去水分、阴干。重复进行以上预媒—染色流程，染制出更深的颜色。

青出于蓝

青色系

蓝　蓝淀　青黛

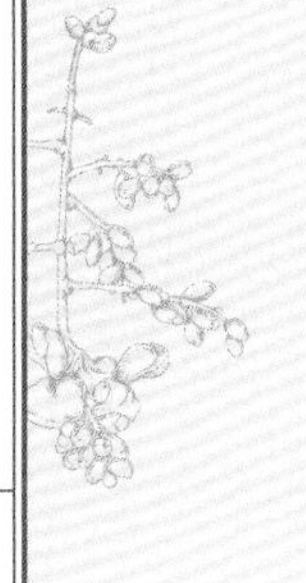

蓼蓝

马蓝

蓝草是对染青植物的一种统称。自然界中可用于染青的植物品种很多，《本草纲目》中记录了五种蓝草：蓼蓝、菘蓝、马蓝、木蓝和吴蓝。除吴蓝目前尚无法确认外[1]，其余四种，在中国各地均仍有种植。

四种蓝草虽然科属不同、外貌各异，但染青工艺基本相同。除了可以选择将新鲜蓝草煎水，半生半熟染制浅青色[2]的工艺之外，制靛成为染青过程中最主

木蓝

菘蓝

1　俗名水淀实，江浙一带的区域性染青本草，多出现于古代药方之中。根据多本古代文献的图文记载，吴蓝如蒿，叶青花白，但它究竟是何种植物，学者们各持己见、尚未有定论。（清）应宝时：《同治上海县志》，清同治十一年刊本，第 8 卷，第 11 页。

2　《天工开物》，卷上，第 50 页。

要、最重要的工艺环节。新鲜蓝草中的水溶性染色元素，通过制靛工艺，在碱性环境下转化为可长期保存的不溶性的靛青素，使用时先通过开缸建蓝，通过碱性环境下的发酵工艺，将其转化为水溶性的靛白素；再经过染色氧化，以不溶于水的靛青素形式，着色于纤维。制靛染青工艺可简述为可溶—不可溶—可溶—不可溶的还原过程，因此又被称为还原法。

制靛过程虽然极为复杂，但它使靛青色素得以长时间保存，打破了新鲜蓝草的季节性局限，极大地促进了青色染色业的发展。更为重要的一点是，靛青色素不仅可以很好地着色于蛋白质纤维（蚕丝、羊毛），对纤维素纤维（麻、葛、棉）同样也十分友好。

在中国古代，彰施工艺与丝织工艺同为奢侈品级别，加上大部分本草色素在麻葛类面料上的着色性较差，因此，本草色彩几乎是以丝织品（以及少量的毛织品）作为载体的。数千年以来，浓艳的色彩已成为一种阶级象征，历代皇帝也颁布了各种禁色令，将色彩的等级制度推向新的高度。

正因为靛青在麻葛类面料上的出众表现，作为正色之一的青色，开始从宫廷走向民间。通过绞缬、蜡缬、夹缬、灰缬等方式，靛青在匠人们的手中变成了工艺独特、风格朴素的的青白纹样，代代流传，蓝印花布就是其中的典型代表。

采用夹缬与吊染工艺染制的青白纹样全棉手帕（蓼蓝靛染）

对页图片：马蓝（左上图）、蓼蓝（右上图）、木蓝（左下图）、菘蓝（右下图），摄于申凯旋蓼蓝工作室

蓝

◆ 月令：仲夏令民无刈蓝以染。郑玄言恐伤长养之气也。然则刈蓝先王有禁，制字从监，以此故也。

◆ [别录曰] 蓝实生河内平泽，其茎叶可以染青。[弘景曰] 此即今染襟碧所用者，以尖叶者为胜。

◆ 本经所用乃是蓼蓝实也，其苗似蓼而味不辛，不堪为淀，惟作碧色尔。

◆ [颂曰] 蓝处处有之，人家蔬圃作畦种。至三月、四月生苗，高三二尺许，叶似水蓼，花红白色，实亦若蓼子而大，黑色，五月、六月采实。但可染碧，不堪作淀，此名蓼蓝，即医方所用者也。别有木蓝，出岭南，不入药。

◆ 江宁一种吴蓝，二月内生，如蒿，叶青花白，亦解热毒。

◆ [时珍曰] 蓝凡五种，各有主治，惟蓝实专取蓼蓝者。蓼蓝：叶如蓼，五六月开花，成穗细小，浅红色，子亦如蓼，岁可三刈，故先王禁之。菘蓝：叶如白菘。马蓝：叶如苦荬，即郭璞所谓大叶冬蓝，俗中所谓板蓝者。二蓝花子并如蓼蓝。吴蓝：长茎如蒿而花白，吴人种之。木蓝：长茎如决明，高者三四尺，分枝布叶，叶如槐叶，七月开淡红花，结角长寸许，累累如小豆角，其子亦如马蹄决明子而微小，迥与诸蓝不同，而作淀则一也。

——（明）李时珍《本草纲目》
第16卷 · 草之五（隰草类下） · 第47-48页

对页上图：打靛池中丰富的靛花泡沫，摄影：申凯旋
对页下图：马蓝靛缸的青黛浮沫

蓝淀

◆ [时珍曰] 澱，石殿也，其滓澄殿在下也。亦作淀，俗作靛。南人掘地作坑，以蓝浸水一宿，入石灰搅至千下，澄去水，则青黑色。亦可干收，用染青碧。其搅起浮沫，掠出阴干，谓之靛花，即青黛，见下。

◆ [时珍曰] 淀乃蓝与石灰作成，其气味与蓝稍有不同，而其止血拔毒杀虫之功，似胜于蓝。

——（明）李时珍《本草纲目》
第16卷 · 草之五（隰草类下）· 第49-50页

青黛

◆ [时珍曰] 黛，眉色也。刘熙释名云：灭去眉毛，以此代之，故谓之黛。

◆ [志曰] 青黛从波斯国来。今以太原并庐陵、南康等处，染淀瓮上沫紫碧色者用之，与青黛同功。[时珍曰] 波斯青黛，亦是外国蓝靛花，既不可得，则中国靛花亦可用。或不得已，用青布浸汁代之。

——（明）李时珍《本草纲目》
第16卷 · 草之五（隰草类下）· 第50页

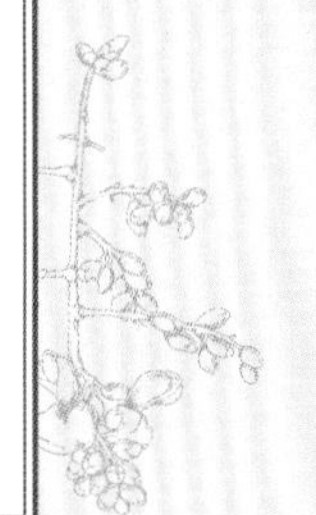

本草学名：Polygonum tinctorium Ait.
Baphicacanthus cusia (Nees) Bremek.
Isatis indigotica Fort.
Indigofera tinctoria
本草品名：蓼蓝 / 马蓝 / 菘蓝 / 木蓝
本草科属：蓼科 / 爵床科 / 十字花科 / 豆科
染色部位：叶
染色方式：新鲜叶染 / 制靛
还原方式：用米酒与草木灰建缸还原，呈青色调

“终朝采蓝，不盈一襜”，蓝草早在先秦文献中就已出现，是对染青植物的一种统称，在中国传统文化中的地位非常重要，既可作为药材、染料、颜料、妆品，也可作为食物与肥料[1]。除吴蓝外，《本草纲目》中记载的其余四种蓝草，至清代末期仍有广泛种植[2]，虽然在民国时期受德国进口化学靛料的影响，但蓝草种植与使用因一战时期生靛油禁入而开始复苏[3]。

蓼蓝为蓼科植物，叶似蓼，广泛种植于黄河流域、松花江流域、湖北江西等地；马蓝为爵床科植物，叶大如荬，广泛种植于东部与南部地区，也被称为南板蓝；菘蓝为十字花科植物，叶如白菘，又被称为北板蓝，常见于长江与东北地区；木蓝为豆科，广泛种植于南部诸省，叶似槐叶，结子有荚，又名角蓝，与其他蓝草品种差异较大。染青植物特性各异，但其染色流程十分相似。

蓝草的染色，主要可分为鲜叶染与制靛染两大类。

鲜叶染是最古老、最原始的蓝草染制工艺，染色流程十分简单，只需将新鲜蓝草叶子采摘、捣汁、浸染便可。含有大量可溶性色素的绿色汁液，在氧化过程中逐渐变成不可溶的色素，固着在织物纤维内部，从而使浸染的织物由绿变青。先秦时代的中国古人看到了这种植物带来的色彩变化，感叹自然造物之奇妙，

1 在救荒时，大蓝靛、小蓝靛、木蓝靛均可作为大麦与小麦的营养粪土。（清）郭云升：《救荒简易书》，清光绪二十二年郭氏刻本，第 2 卷（救荒土宜），第 50 页。
2 （清）刘锦藻：《皇朝续文献通考》，清光绪三十一年乌程刘锦藻坚匏龠铅印本，第 384 卷，页数不详。
3 （民国）严兆霖修、（民国）张玉书纂：《民国望奎县志》，民国八年铅印本，第 9 卷，第 205 页。

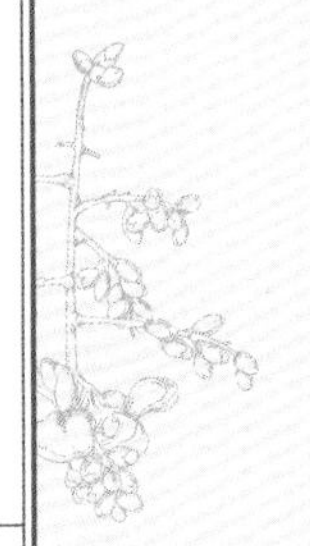

“青出于蓝”的成语也由此而来[1]。

捣汁所染之色虽然非常鲜亮，但是由于鲜叶中的水溶性色素极易氧化变色，鲜叶染色必须快速操作、快速晾干，且需要在种植地、收割季才能进行，受到时间与空间上的极大限制，同时，鲜叶中的色素只能着色于蛋白质纤维的丝、毛织物，而无法对麻、葛、棉等纤维素纤维进行上色。

为了延长蓝草的染色时效，古人开始尝试用干叶进行染色，根据文献记载，将蓼蓝叶干收可用于染制青碧色，在丝帛上染制绿蓝色时，可以将蓼蓝生汁与熟汁对半混合进行浸染[2]，以减少碱性染液对蛋白质纤维的损伤。在此过程中，以制茶工艺为灵感的堆积发酵法，得到了区域性的发展。

染草之汁，凝而为靛。制靛工艺的发明与发展，是中国传统色彩史上的重要转折点，它延长了使用期限，打破了产地限制，压缩了运输体积，丰富了青碧色域，对蓝草的种植推广起到了关键作用，由此带来的青靛商贸经济延绵数千年。这项最为伟大的革命，成为蓝草染色传统得以传承至今的重要技术支撑。

不同区域、不同蓝草品种的制靛工艺虽各有差异，流程却大致相仿，均采用浸泡打靛法。事先在地边挖坑制成靛池，种植广泛者也可专门修砌靛池，种植少量者又可用窖、桶或缸来替代靛池。将收割好的蓝草倒竖于池中，倒入清水、覆上竹蔑、压上木石，一至三天后[3]水温上升蓝叶腐烂，捞出腐熟作肥；过滤池水，用以制靛。将石灰分次倒入蓝水中，用木耙或靛枴不断翻打搅动，使靛水充分氧化。静置靛水使蓝靛沉淀下降，澄去浮水，即可得到青黑色的蓝靛泥。将搅动时产生的浮沫掠出、洗净、阴干，即为靛花，也就是国产的青黛，是中国重要的颜料与妆品原料。

以靛泥为原料进行染青时，需借助碱剂与发酵工艺，使不溶于水的靛青素还原为溶于水的靛白素，待将织物从染缸取出时，再次氧化成不溶于水的靛青素，色素固着于织物纤维，颜色由绿转青。具体流程如下：先将冬灰[4]淋热水，静置

1　（唐）杨倞注、（清）卢文弨同校、（清）谢墉同校：《荀子》，嘉善谢氏本，第1卷，第7页。原文为：“青，取之于蓝而青于蓝；冰，水为之而寒于水。”

2　《三农记》，第6卷，第36页。

3　对于晚种的蓝草，沤烂时间会更长，可达六七日。

4　冬灰，是冬月炉灶中所烧的薪柴之灰或蒿藜之灰，是中国传统碱剂。

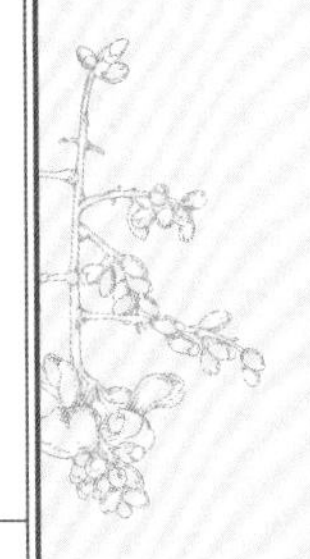

对页图片：蓼蓝制靛染熟丝织物

正在发酵中的贵州糯米。将其制成米酒，可用于靛泥发酵

冷却取汁；另将大米、高粱或麦麸发酵制成米酒，过滤备用。建缸时，取适量靛泥入陶缸，拌入灰汁与水，将靛泥化开；加入适量米酒，搅拌均匀，靛水的pH值以11左右为佳，盖上竹制或木制缸盖，保持通风透气。在米酒的发酵作用下，染液pH值会逐日下降，需每日用竹棍搅动，并根据缸液的pH值加入适量灰水，使靛水的酸碱度保持稳定。7～10天以后，待搅缸时的泡沫由白转蓝时，靛缸便已建成，可用于染色。

用传统方式建成的靛缸非常温和敏感，须控制每日染物数量，切不可过量，避免靛缸受损。每日染物后，需添加适量米酒、灰水与靛泥，搅动均匀，以作日常滋养。通过染色实践发现，在用靛水染制丝、毛制品时，为了尽量避免碱液对蛋白质纤维的伤害，靛液pH可调低至10。但低碱性的靛缸更为敏感，极易变质，且所染之色也极易变灰，需根据经验每日观察染房及染缸环境，控制染物数量，定时监测靛水pH值，避免污染，保持染房稳定的温湿度等，尽可能小心呵护。

根据文献记载，在建缸或养缸时，如将赭魁、虎杖等富含蒽醌的植物染料捣碎放入靛缸，可以加速还原、有助上色，并使所染之青微泛红光。

用蓝草染制的传统色彩有月白、草白、碧色、翠蓝、天蓝、青、深青、元青等从浅至深的青色系，也可与红色染料套料成紫色系，如天青色、紫色、葡萄青色；或可与黄色染料套料成绿色系，如鹅黄色、蛋青色、绿色、官绿色、豆绿色、黑绿色等。

《太平广记》中曾记载“染青莲花”的趣事，将红莲花子浸于靛蓝缸中，经年种植可得青莲，但如将青莲花子作为种子，不经靛缸浸泡而再次种植，又会恢复为红莲[1]。

1　（宋）李昉：《太平广记》，民国景印明嘉靖谈恺刻本，第409卷，第8页。

相克之色

间色系

紫草　鼠李　丝瓜

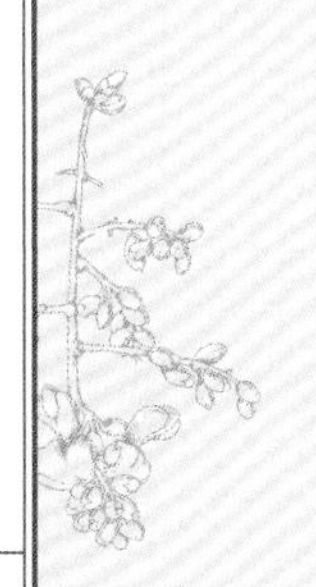

软紫草

硬紫草

在中国传统五色体系中，流黄、红、碧、绿、紫，是五行相克所形成的五种间色。从染色工艺的角度来看，红为赤白混合的南方间色，由赤色染料薄染而成；碧为青白混合的西方间色，由蓝靛薄染或蓝草鲜叶染而成，因此，红色与碧色染料可分别归入染赤与染青植物之中，不再另述。

流黄为黄黑混合的中央间色，在各类古籍文献中鲜有提及，在《本草纲目》中也未见记载，但根据染色实践经验来看，部分黄色染料经铁媒后可获得黄黑色调，例如柘木、栀子等。

鼠李

丝瓜

表1 从红至黑的七染色名及其相互关系

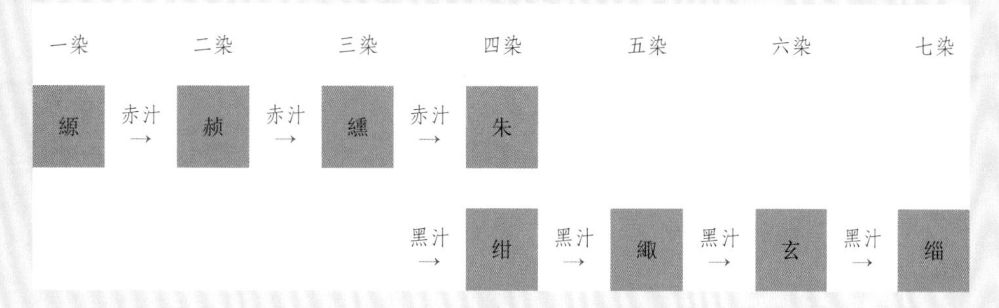

紫为赤黑混合的北方间色。早期的紫色，是指在从红至黑的七染过程中，入黑汁四染后所获得的绀色（见表1）[1]。随着染色工艺不断发展，紫色逐渐变得鲜亮起来。以青色为底盖以紫草染的工艺为油紫，以青色为底盖以红花的工艺为北紫[2]。苏木染料被大量开发使用后，又出现了以苏木为地、皂矾媒染的紫色，以及深青色套染浓苏木水的葡萄青色[3]。

绿为黄青混合的东方间色。由于植物中的叶绿素无法彰施于面料，因此可直接用于染绿的木草少之又少。某些黄色染料经皂矾媒染后可呈现出黄绿色调，如将槐花薄染后用皂矾媒染，可染制出油绿色。为了在保证色牢度的基础上获得更为丰富、多样的绿色调，通常可将不同浓度的黄色染料与青色染料进行套染，例如，黄檗与青靛配伍可染制鹅黄色、豆绿色，槐花与青靛配伍可染制官绿色、黑绿色。

《本草纲目》中记载了用紫草染紫、用丝瓜与鼠李染绿的相关内容。

1　（明）刘绩：《三礼图》，四库全书本，第 2 卷，第 51 页。

2　（明）张自烈：《正字通》，北京大学图书馆影印古籍，未集中，第 10 页。在日本，因北紫由蓝草与红蓝花套染而得，被称为“二蓝”。

3　《天工开物》，卷上，第 49 页。

对页图片：新疆软紫草，摄影：杨亮杰

紫草

◆［时珍曰］此草花紫根紫，可以染紫，故名。

◆［弘景曰］今出襄阳，多从南阳新野来，彼人种之，即是今染紫者，方药都不复用。

◆ 博物志云：平氏阳山紫草特好。魏国者染色殊黑。比年东山亦种之，色小浅于北者。

◆［时珍曰］种紫草，三月逐垄下子，九月子熟时刈草，春社前后采根阴干，其根头有白毛如茸。未花时采，则根色鲜明；花过时采，则根色黯恶。采时以石压扁曝干。收时忌人溺及驴马粪并烟气，皆令草黄色。

——（明）李时珍《本草纲目》
第12卷 · 草之一（山草类上）· 第52-53页

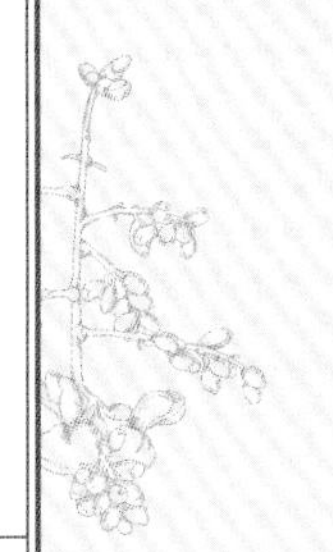

对页图片：硬紫草染生丝丝线

本草学名：Arnebia euchroma（Royle）Johnst.
Lithospermum erythrorhizon
本草品名：软紫草 / 硬紫草
本草科属：紫草科
染色部位：根
染色方式：捶捣揉汁或浸酒，提取色液
媒染方式：用山茶灰或明矾媒染呈紫色调

紫草又名茈草、紫丹、茈苠、藐、地血、鸦衔草，最早出现于《山海经》的“西山经”中，自古就是重要的传统紫色染料。紫草初为野生，后因染紫需求急剧增长而得以大规模种植，汉代已可将“紫草卖与染家得钱”[1]，北魏时期的《齐民要术》中也详细记载了紫草的种植之法，至宋代出现了先染青盖以紫草的“油紫”之色[2]。紫草因而被分为药用与染用两种：山产紫草粗而色紫，供药用；园产细而色鲜，只染物不入药[3]。

目前市售的可染色紫草品种主要有两类，一种为硬紫草，主要产自东北、华北等地。另一种为软紫草，主要产自新疆、甘肃等地。根据《诸蕃志》记载，古记施国[4]盛产紫草，而新疆所产软紫草与伊朗所产十分相似，很有可能是沿丝绸之路引进至新疆与陇西种植的外来品种。

紫草根部含有丰富的紫草素，易溶于蜡、油、酒精等溶液，但不易溶于水。除捶捣揉汁进行染色外，更简易的方式是将紫草根浸于高度白酒之中提取色液，并加水稀释制成染液。染色前，需先将真丝或羊毛织物用山茶灰或明矾进行预媒染，然后再将其置入紫草染液中进行常温浸染，所染的紫色较为鲜明。

除用于染帛外，紫草还可用于制作绛烛[5]，也可浸汁染灯芯制作油烟墨，使墨色微泛红光[6]。

1　（汉）刘向：《列仙传》，正统道藏本，第 7 卷，第 4 页。
2　（宋）赵彦卫：《云麓漫钞》，清咸丰涉闻梓旧本，第 10 卷，页数不详。
3　（清）萨英额：《道光吉林外记》，清光绪渐西村舍本，第 7 卷，第 18 页。
4　古国名，今波斯湾地区。（宋）赵汝适：《诸蕃志》，清嘉庆学津讨原本，卷上，第 29 页。
5　（清）胡文英：《屈骚指掌》，清乾隆五十一年刻本，第 2 卷，第 7 页。
6　《天工开物》，卷下，第 44 页。

对页图片：鼠李嫩枝

鼠李

◆ [时珍曰] 鼠李方音亦作楮李，未详名义。可以染绿，故俗称皂李及乌巢。

◆ [别录曰] 鼠李生田野，采无时。[颂曰] 即乌巢子也。今蜀川多有之。枝叶如李。其实若五味子，色瑿黑（其汁紫色），熟时采，晒干用。皮采无时。[宗奭曰] 即牛李也。木高七八尺。叶如李，但狭而不泽。子于条上四边生，生时青，熟则紫黑色。至秋叶落，子尚在枝。是处皆有，今关陕及湖南、江南北甚多。[时珍曰] 生道路边。其实附枝如穗。人采其嫩者，取汁刷染绿色。

——（明）李时珍《本草纲目》
第36卷·木之三（灌木类）·第24-25页

鼠李又名老鹳眼、楮李、鼠梓、山李子、牛李、皂李，在四处山野里均可找到。鼠李属于灌木或小乔木，树高可达四米；叶子如李，呈对生或簇生状；花小而淡，为黄绿色；子如鸦眼，生青熟黑。根据《本草纲目》记载，鼠李可取汁刷染绿色，因此又被称为冻绿柴。

“山城寒近制衣忙，白地平铺待早霜。一夜西风吹绿上，可知青衣妒红妆。”清代端木顺的这首题为《栝州冻绿》的诗[1]，描绘了冬日染制冻绿的忙碌场景。但是关于鼠李的具体染色部位与染色工艺，文献记载各有不同、语焉

1 （清）雷铣修、王棻：《光绪青田县志》，清光绪元年修，民国二十四年重印本，第16卷，第28页。

本草学名：Rhamnus davurica
本草品名：鼠李
本草科属：鼠李科
染色部位：鼠李果实及嫩枝
染色方式：挤汁、煎汁、熬膏
媒染方式：无媒染呈冷黄色调，明矾媒染呈黄色调，与蓼蓝混合染色获得鲜绿色

将新鲜鼠李的果实挤汁，可获得鲜亮的绿膏

不详；从染色部位来说，鼠李之皮与鼠李果实均可[1]用于染色；从染色工艺来说，有取汁、熬膏、煎汁等方法；从所染之色来说，有黄[2]、黑[3]、绿三种。

河南地区采用煎汁法，在有叶时采剥茎皮，置入沸水中翻煮，水变绿后捞出，加入少量明矾，用杓将水扬凉后浸布至透，取出晒干，再浸再晒数次，直至布色染绿为止[4]。陕西安康地区采用熬膏法，将枝条磨成粉末，露天堆积，放置4至6周后用水湿润，再进行浸染与蒸浓[5]。

按《本草纲目》所述的“采其嫩者，取汁刷染”的工艺，经过染色实践发现，摘取新鲜鼠李果实，直接取汁刷染真丝织物，可获得冷黄色调，鲜艳而黄中带绿；将新鲜鼠李果实打碎、浸泡、发酵后浸染真丝织物，并用明矾进行媒染，可获得黄色调；如与蓼蓝混合染色，可获得十分鲜亮的绿色调。

1 宋代《证类本草》、明代《三才广志》、民国《民国安东县志》《民国桐梓县志》《民国桐梓县志》中记载，皮与实均可用于染色。

2 《民国安东县志》记载，鼠李皮与实可染黄色。（民国）关定保修、（民国）于云峰纂：《民国安东县志》，民国二十年铅印本，第 2 卷，第 61 页。

3 《民国岫岩县志》《民国宁安县志》《民国铁岭县志》中记载，鼠李皮可以染黑色。

4 河南省商业厅编著：《河南野生植物的利用：土产部分》，1960 年版，第 118 页。

5 中国科学院陕西分院生物研究所、西北大学生物系编：《安康地区经济植物》，1960 年版，第 57 页。

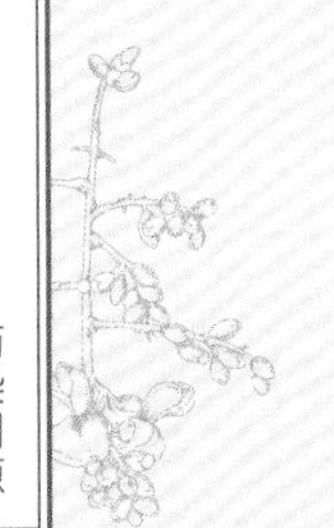

对页图片：丝瓜生叶染羊毛面料

丝瓜

◆［时珍曰］丝瓜，唐宋以前无闻，今南北皆有之，以为常蔬。二月下种，生苗引蔓，延树竹，或作棚架。其叶大于蜀葵而多丫尖，有细毛刺，取汁可染绿。

——（明）李时珍《本草纲目》
第28卷·菜之三·第82-84页

丝瓜枝叶与所绞之汁

本草学名：Luffa cylindrica（L.）Roem.
本草品名：丝瓜
本草科属：葫芦科
染色部位：枝叶
染色方式：捶捣挤汁或煎煮，提取色液
媒染方式：明矾媒染呈浅绿色调或黄褐色调

丝瓜是一年生攀援草本植物，又名绵瓜、天丝瓜、天罗、布瓜、蛮瓜等，原产于东印度，唐宋时期传入中国后得到广泛种植，是农家田间常见的蔬菜品种。丝瓜叶汁可用于染绿，在中国传统文献中的相关记载非常少，除《本草纲目》以及后书引用之外，目前只查阅到南宋时期的《调燮类编》[1]有此记载。此外，台湾地区至今仍保留着用丝瓜叶染黄绿色的传统染色方式。

丝瓜叶可用生叶染与煮染两种方式。摘取新鲜丝瓜枝叶，捣碎挤汁，将真丝或羊毛织物先用明矾预媒染，再浸于丝瓜叶生汁中进行冷染，15～20分钟后取出，洗净阴干，如需染制更深的颜色则需重复以上步骤。用生叶染的方式可获得淡绿色。煮染时，将丝瓜枝叶切碎后加水煎煮获得染液，与生叶染一样，先将织物用明矾预媒染后再进行浸染，用煮染的方式可获得黄色或黄褐色。

丝瓜叶虽可用于染色，但是所染之绿并不理想，冷染之色虽然较绿，但是颜色很浅，色牢度也不够理想；热染提高了色牢度，但颜色为黄褐色调。因此，丝瓜叶染色只是在民间得以区域性使用，而非主流的传统染绿方式。

1 佚名：《调燮类编》，清海山仙馆丛书本，第3卷，第14页。在人民卫生出版社1990年版本中，作者名为赵希鹄，南宋时期人。

平民之色

褐色系

椑柹　赭魁　莪蒁　鼠麹草　桑　牡荆

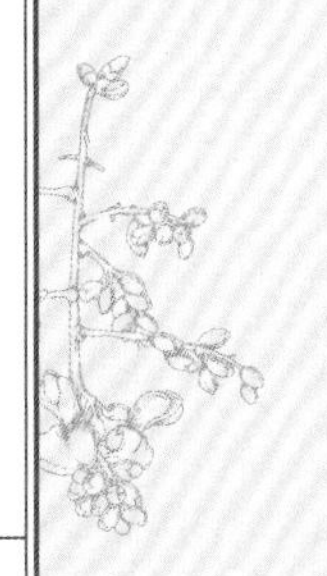

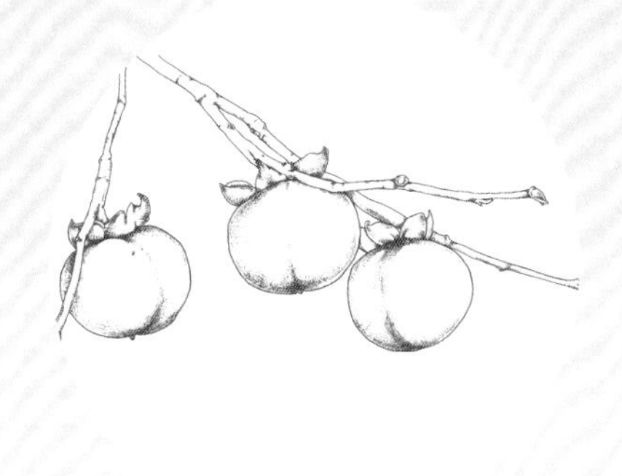

椑柿

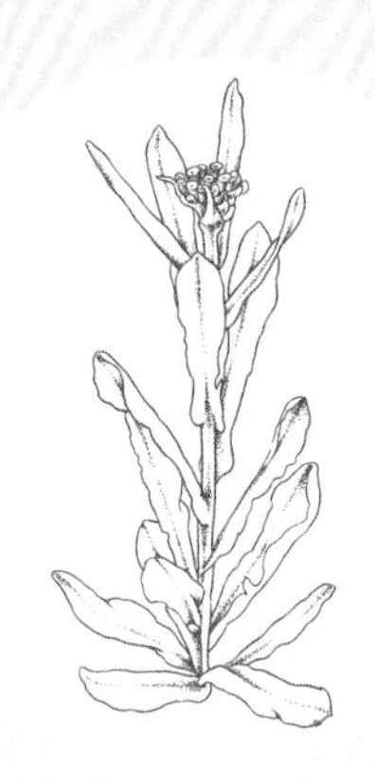

鼠麹草

在中国古代严苛的色彩等级体系中，平民服装色彩，以地位远低于正色与间色的褐色系为主。褐色系的染制通常采用以下两类方式。

一是由本草染料直接染制而成，通常为深浅不一的褐红色系。《本草纲目》记载了椑柿、赭魁、菝葜可以染物，但并未标注所染之色。根据其他文献与染色实践可知，以上三种本草，均可染制褐红色调。生活在不同地域的中国古代先民，因地制宜地使用当地本草染制褐红色调，发展出了很多富有特色的染色工艺，例如，用赭魁（薯莨）染制的香云纱成为广东佛山顺德区的特色丝织品，其染色工艺流传至今，成为中国国家地理标志产品。赭魁与菝葜富含蒽醌，对酸碱

桑

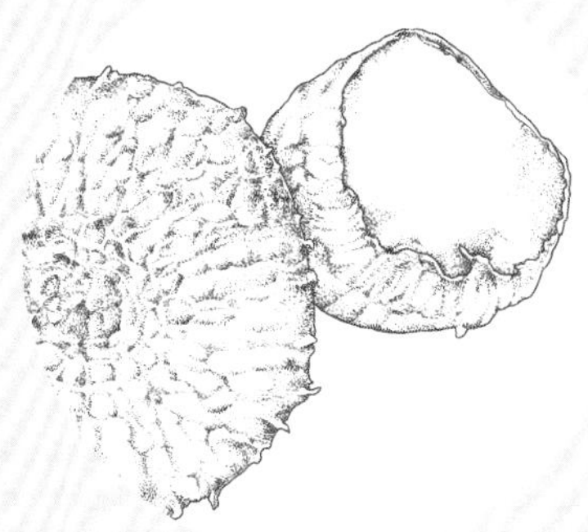

赭魁

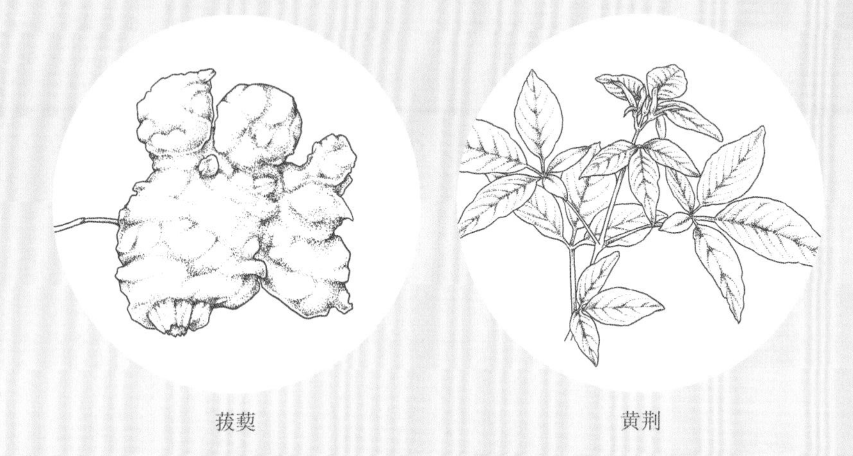

菝葜　　黄荆

与铁媒非常敏感：碱媒染可使色调发红，铁媒染可使颜色变黑。

二是由本草染料经铁媒染后获得，色调丰富、变化微妙。褐色的冷暖色相由不同的染料选择与配伍比例决定，而褐色的鲜亮程度则由皂矾（或其他铁媒染剂）与明矾的用量与比例决定。例如，可用苏木（加明矾与皂矾）染枣褐、椒褐，用黄栌与苏木（加明矾与皂矾）染明茶褐、暗茶褐，用荆叶（加明矾与皂矾）染艾褐、荆褐，用红茶（加铁浆）染制砖褐[1]。《本草纲目》记载了用鼠曲草与桦木皮（加皂矾）进行染褐的工艺。

此外，《本草纲目》中还列出了紫衣昨叶何草（堪染褐）、胡桃树皮（可染褐）、干陀木皮（生西国。彼人用染僧褐，故名。干陀，褐色也）、红栀子（蜀中有红栀子，花烂红色，其实染物则赭红色）四种可用于染褐的本草染料，均因尚未获取染料样本而无法进行染色实践，故本书不再细述。

1　《多能鄙事》，第4卷，第24-26页。

对页图片：椑柹

椑 柹

◆ [时珍曰] 椑乃柹之小而卑者，故谓之椑。他柹至熟则黄赤，惟此虽熟亦青黑色。捣碎浸汁谓之柹漆，可以染罾、扇诸物，故有漆柹之名。

——（明）李时珍《本草纲目》
第30卷 · 果之二 · 第36-37页

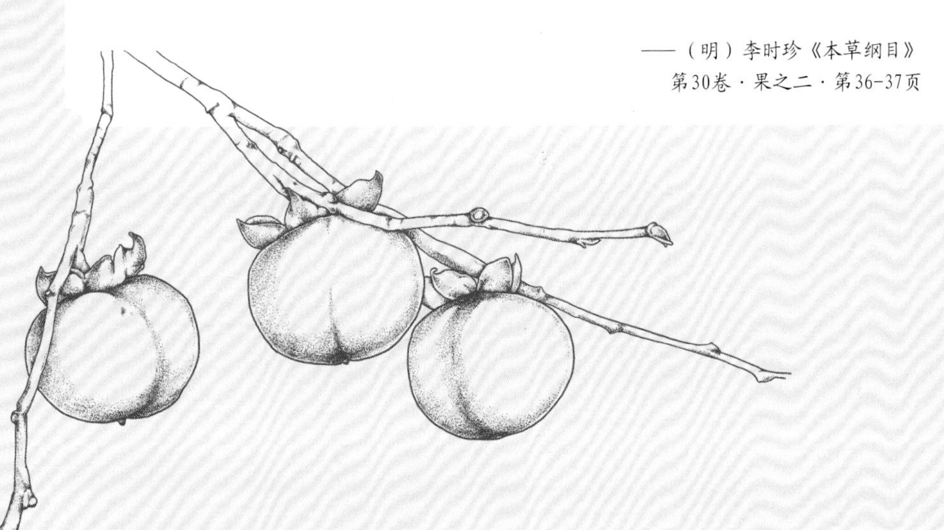

柿为落叶乔木，椑柿（即椑柹）为其中一种，俗称绿柿、青柿、乌椑、漆柿，性寒，压丹石毒，可用于治烧伤、降血压。椑柿生长于江淮以南地区，成熟后不转红色而仍为青色，最后氧化变黑，故名乌椑。椑柿极涩，需与软枣（君迁子）嫁接两至三次后方可食用[1]。

椑柿富含单宁与胶质，是中国十分传统的柿漆原料，应用范围非常广泛。涂刷于竹木器物的表面时，既可取代清漆，又具有防潮防腐的功效。另外，柿漆也常用于漆伞、扇[2]、渔网、包装用纸，以洁尘防腐。椑柿约在奈良时代传入日本，除用作涩纸外，在传统清酒酿造工艺中，涂过涩柿汁的布袋可用于过滤。

农历8月时采摘椑柿，将其洗净、晾干、捣碎，一升柿子加半升水，釀数小

1 《三农纪》，第 5 卷，第 21 页。

2 （元）胡古愚：《树艺篇》，明纯白斋抄本，下卷，页数不详。

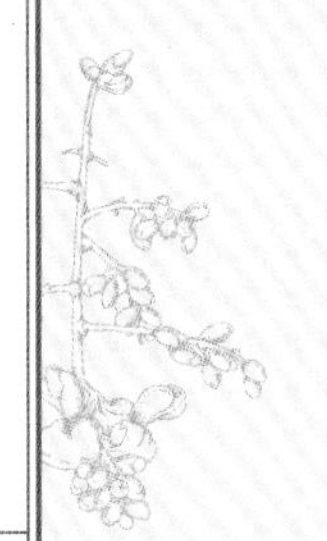

本草学名：Diospyros kaki Thunb.
本草品名：樺柿
本草科属：柿科
染色部位：果实
染色方式：切碎捣汁，提取色液
媒染方式：无媒染呈赭色调，铁媒染呈黑色调

时后挤压取汁，装入桶中每日搅拌，十天左右泡沫减少、柿汁发酵稳定后，便可密封长期保存，被称为柿漆或柿油。

生柿汁或熟化以后的柿汁均可涂抹于纸、布或其他器物表面进行上色，起初为浅淡的卡其色，日晒后颜色加深，如经多次涂刷与日晒，最终可呈现深赭色。榨取柿漆后的樺柿残渣，新鲜时为黄绿色，氧化后呈浅咖色。将其加水煮制并过滤取汁，可用于浸染上色，只是颜色相较柿漆之色浅淡很多。

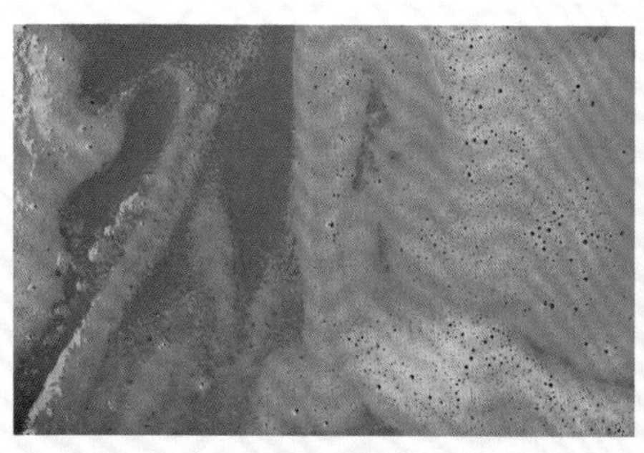

新鲜柿漆

榨取柿漆后的残渣

涂刷皮纸前（上）与涂刷皮纸后（下）的颜色对比

涂刷柿漆当天（上）、一周（中）与一月（下）的颜色对比

薯莨

对页图片：赭魁根

赭 魁

◆ [时珍曰] 赭魁闽人用入染青缸中，云易上色。

◆ 沈括笔谈云：本草所谓赭魁，皆未详审。今南中极多，肤黑肌赤，似何首乌。切破中有赤理如槟榔，有汁赤如赭，彼人以染皮制靴。

——（明）李时珍《本草纲目》
第18卷 · 草之七（蔓草类）· 第43-44页

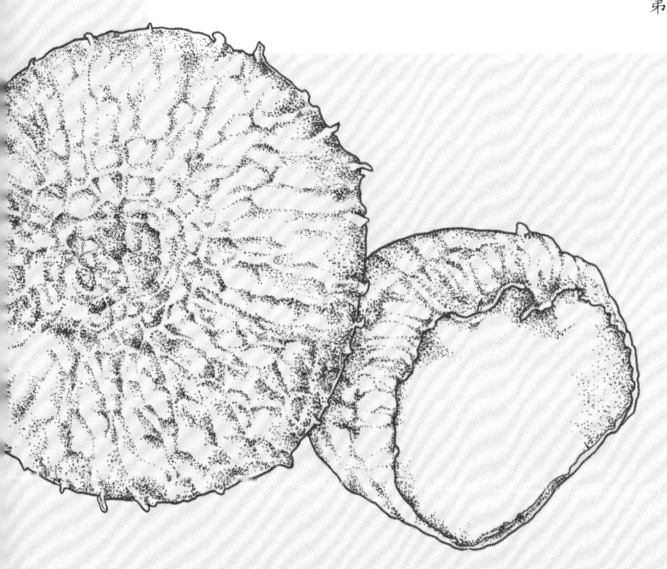

“炎方事事异禾中，湛渍多资薯莨草。一染渐红再染赪，三染四染酱色成。[1]”赭魁俗名薯莨、红药子，薯蓣科多年生草本植物，是岭南地区山坡河谷林中的常见植物，根部呈圆形似芋，外皮为黑色，粗而多裂纹；剖开后肉红多胶，汁赤如赭，是南方地区的一种重要民间草药，具有活血止痛的功效，同时也可作为酿酒原料。

薯莨是中国非常重要的传统褐色染料[2]。南方渔民用薯莨来染苎麻渔网与粗麻布帆：黑色渔网易聚鱼，因此渔民将薯莨浸在皂矾水及盐中，将网染成黑色，而将布帆染成褐色。此外，渔民日常穿着的棉质劳作服装也是由薯莨染制而成，被称为薯莨衫，清代诗人将其形容为“赤水尾鲤鱼红汗衫”，挺滑耐用，可有效抵

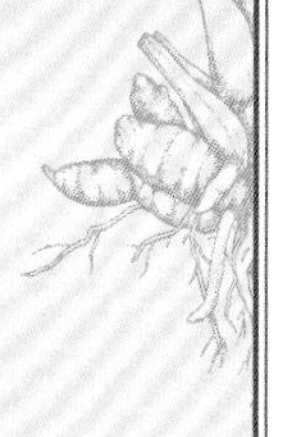

1　诗名为《薯莨紬》。（清）沈家本著、沈厚铎重校：《日南随笔》，商务印书馆 2017 年版，第 158 页。
2　《皇朝续文献通考》，第 384 卷，页数不详。

本草学名：Dioscorea cirrhosa
本草品名：薯莨
本草科属：薯蓣科
染色部位：赭魁根
染色方式：切碎捣汁或煎煮提取色液
媒染方式：无媒染或铝媒染呈褐色调，过草木灰水呈赭红色调，铁媒染呈黑色调

挡日晒[1]。

薯莨含有丰富的胶质，所染之物硬挺劲爽，可以有效地应对南方夏季闷热潮湿的天气，于是当地丝坊开始用薯莨染制䌷丝织物。䌷丝由蚕茧捻纱而成，织成的绵绸是较为粗劣的丝质品种，纱线外观粗细不匀，织物质地貌似麻布，价格较为低廉，普通平民也可承受，用薯莨染制后可当作夏服，在当地被称为黑胶绸。此后，广东丝坊进一步用薯莨染制黑色的夏季丝绸衫服，凉爽透气、光润如缎，因而以此为业，远近驰名，后人将这种产自广东的“沙沙作响”的薯莨云纱称为响云纱，又谐音称为香云纱。

香云纱制作工艺传承至今，以顺德、番禺为主要产地。染色时，先将薯莨去皮切块、入水煎煮，过滤出染液；再将真丝织物在染液中反复浸染，直至染成褐色；再用富含铁元素的黑泥涂抹在织物的单面，铺于地面，在烈日下曝晒，最后洗去泥浆，形成一面黑色、一面褐色的独特外观。

此外，将薯莨捣汁可作助染，如将其染作织物底色时，所盖之色容易染深；如将汁液加入靛缸时，可有助于靛蓝上色。

薯莨染色可分为生染与煮染两种，其中生染颜色较为浅淡。生染时，将新鲜薯莨根去皮、切块、捣碎，用布袋绞汁。织物先用明矾媒染，再用生汁刷涂或浸泡，织物呈浅赭色调，如过草木灰水则呈粉赭色调；经皂矾媒染后呈灰黑色调。煮染时，将新鲜薯莨根去皮、切块，熬汁并过滤成染液，浸染织物，经明矾媒染后呈赭色调，如再过草木灰水则呈赭红色调；经皂矾媒染后呈黑色调。

1　《广东新语》，第 15 卷，第 25 页；第 18 卷，第 6 页；第 27 卷，第 35-36 页。

对页图片：菝葜根茎

菝 葜

◆ [时珍曰] 菝葜山野中甚多。其茎似蔓而坚强，植生有刺。其叶团大，状如马蹄，光泽似柿叶，不类冬青。秋开黄花，结红子。其根甚硬，有硬须如刺。其叶煎饮酸极涩。野人采其根叶，入染家用，名铁菱角。

——（明）李时珍《本草纲目》
第18卷·草之七（蔓草类）·第40页

菝葜又名金刚根、铁菱角、王瓜草、土茯苓，是生长于江浙及云贵等地的落叶攀援灌木，多为野生，可见于郊野荒坡。菝葜的花朵为黄绿色，呈伞形花序的球状；浆果初为绿色，成熟后转为红色。菝葜对土壤的适应性较强，有助于荒山绿化与生态改良。

菝葜的根茎为不规则块状结构，坚硬而有钩刺，切开后呈红褐色。农历二月或八月可以采挖其根，洗净后趁新鲜切片，晒干使用。

“但把穷愁博长健，不辞最后饮屠苏。”饮用屠苏酒是流行于江南各地的传统新年习俗，可辟疫气、除瘟疫、断伤寒，而菝葜之根就是配制屠苏酒的主要原料之一。此外，菝葜根含有丰富的淀粉，也可将其浸出赤汁，煮粉食用，荒年用以充饥，平时用以祛湿。

菝葜与薯莨同为鞣类植物，单宁含量丰富，自古便入染家以供染用。将新鲜菝葜根茎切片或将干燥菝葜入水浸泡，煎煮后滤去渣滓，制成染液；将真丝或羊毛制品用明矾进行预媒染，清洗后将其浸入50～60℃的染液中进行浸染，可获得

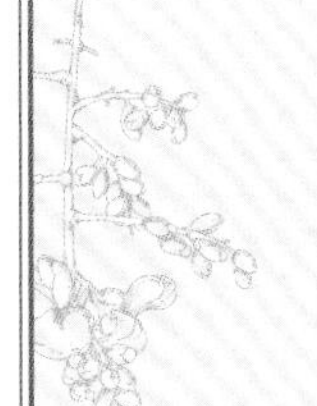

对页图片：菝葜根染生丝丝线与熟丝织物

本草学名：Smilax china L.
本草品名：菝葜
本草科属：百合科
染色部位：根茎
染色方式：煎煮提取色液
媒染方式：无媒染或铝媒染呈浅褐色调，过草木灰水呈浅褐红色调，铁媒染呈褐灰色调

浅褐色。菝葜根部含有胶质，所染之物会稍变硬挺，风格独特。

菝葜所染之色牢度较好，赭褐色调淡雅含蓄，想要染制更深的颜色时，则需要反复对其进行浸染。通过染色实践发现，菝葜对碱敏感。用菝葜染色后，如将织品放入pH值为10左右的草木灰水中，所染之褐色会逐渐发红，呈现出褐红色调；此时如果再将织品放入酸液中，所染之色又会变回褐色。

与薯莨一样，在使用菝葜根进行染色时，也可使用皂矾对织物进行后媒染，使其呈现出暖灰色调。

菝葜根的断面呈红褐色、粗纤维性

对页图片：鼠麴草花叶

鼠麴草

◆ 荆楚岁时记云：三月三日，取鼠麴汁，蜜和为粉，谓之龙舌粄，以压时气。（粄音板，米饼也）。山南人呼为香茅。取花杂榉皮染褐，至破犹鲜。江西人呼为鼠耳草也。

——（明）李时珍《本草纲目》
第16卷·草之五（隰草类下）·第28页

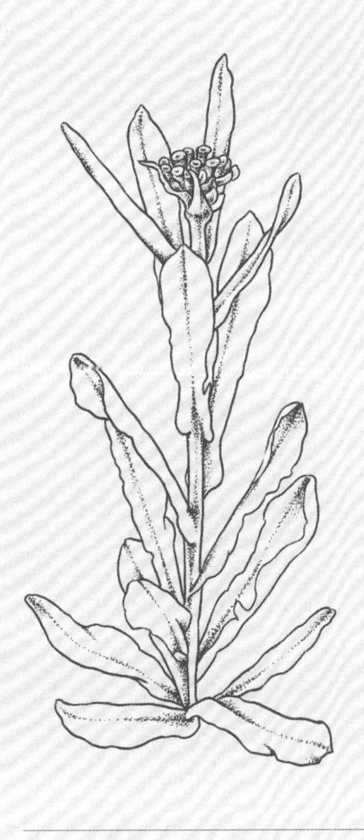

鼠麴草又名米麴、鼠耳、佛耳草、无心草、香茅、黄蒿、茸母，叶子形如鼠耳，覆有白色茸毛，因而得名。鼠麴草直立簇生，是山地原野常见的一年或二年生草本植物，尤以湿潮的田梗草地周围最为常见。

鼠麴草冬季生苗，春季开金黄色的花，有清热止咳的功效。农家常在清明节前后采摘花头及嫩叶，和米一起捣成饼，因此又被称为米麴。《荆楚岁时记》中记载，在农历三月三时，取鼠麴汁蜜和粉做饼，取名为龙舌粄，可以压时气[1]。同时，鼠麴草也是江南地区制作清明团子的辅料之一，由此得名清明菜。此外，民间还有将鼠麴草泡酒服用的疗法。

据《图经衍义本草》[2]记载，鼠麴草可以

1　（南北朝）宗懔：《荆楚岁时记》，民国景明宝颜堂秘笈本，页数不详。
2　（唐）慎微、寇宗奭：《图经衍义本草》，涵芬楼本，第19卷，页数不详。

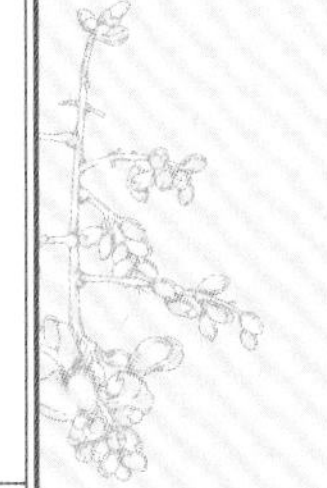

本草学名：Pseudognaphalium affine
本草品名：鼠麹草
本草科属：菊科
染色部位：鼠麹草花叶、桦木皮
染色方式：煎煮提取色液
媒染方式：无媒染或铝媒染呈米黄色调，铁媒染呈绿褐色调

与鼠麹草共同煎煮的桦木皮

染褐色。进行染色时，需采摘新鲜的花头与嫩叶，与桦木皮一起加水煎煮，过滤取汁，制成染液。

将真丝织物下水浸透并绞干，浸入50～60℃的鼠麹草染液中约20分钟，来回拨动以防止气泡停留形成色斑。取适量皂矾倒入小盆，加常温水制成媒染液。另取一大盆，倒入清水，加入少量皂矾液，搅匀后将染好的织物浸入并来回拨动约15分钟，取出洗净，阴干。鼠麹草无媒染时为米黄色调，经皂矾媒染后，可呈现浅绿褐色调。如需更深的颜色，可重复以上浸湿—染色—媒染—清洗的步骤。经过染色实践发现，鼠麹草在生丝织物的染色效果要远胜于熟丝织物，可染制出深褐绿色。

对页图片：桑白皮染熟丝织物
（上为皂矾染，下为无媒染）

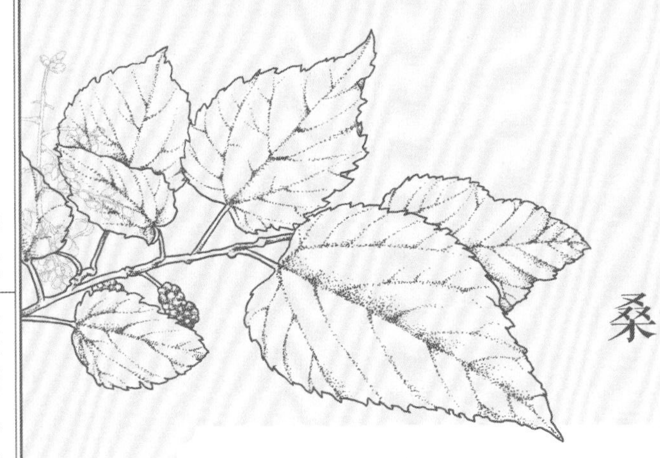

桑

◆ 桑根白皮：木之白皮亦可用。煮汁染褐色，久不落。

——（明）李时珍《本草纲目》
第36卷·木之三（灌木类）·第1-5页

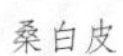

桑白皮

本草学名：Morus alba L.
本草品名：桑
本草科属：桑科
染色部位：树皮
染色方式：煎煮提取色液
媒染方式：无媒染时呈浅米色调，铁媒染呈褐灰色调

“王政之本在于农桑”，农关乎于食而桑关乎于衣，因而桑被称为众木之本、东方神木，在中国传统农业史、服饰史、贸易史等方面均占有重要地位。中国的桑树种植历史悠久、种植区域广泛，《山海经》的西山经、北山经、东山经、中山经、海外北经、大荒南经、大荒北经等处已有多处记载。饲蚕是桑最为重要的用途，种桑养蚕的技法，出现在历代农书及《蚕桑说》《蚕桑合编》《蚕桑辑要》《蚕桑提要》《蚕桑萃编》等大量专项文献中。

桑在《本草纲目》灌木中居于首位，通身是宝。桑叶除饲蚕功能外，还可煎饮代茶止渴；桑叶、桑根白皮、桑椹均可入药；四月桑椹成熟转紫，可采摘生食，也可熬膏作饼，又可取汁制酒；桑木白皮还作为染料，用以染制褐色。

取桑木白皮加水，浸泡两小时后进行煎煮，过滤取汁，制成染液。将真丝织物浸湿后绞干水份，放入桑木白皮染液中浸染约20分钟，再用皂矾进行后媒染约15分钟，取出洗净，阴干。桑木白皮无媒染时为浅米色调，经皂矾媒染后，可呈现褐灰色调，十分雅致。如需更深的颜色，可重复以上步骤。

对页图片：牡荆枝经皂矾后媒染熟丝织物

牡 荆

◆ 荆茎：[别录有名未用云] 八月、十月采，阴干。[藏器曰] 即今荆杖也。煮汁堪染。

——（明）李时珍《本草纲目》
第36卷 · 木之三（灌木类）· 第38-39页

牡荆枝条与花叶

本草学名：Vitex negundo L. var. cannabifolia (Sieb. et Zucc.) Hand. -Mazz.
本草品名：牡荆
本草科属：马鞭草科
染色部位：牡荆枝干
染色方式：煎煮提取色液
媒染方式：无媒染或铝媒染呈浅褐色调，铁媒染呈绿褐色调

"翘翘错薪，言刈其楚"，楚为荆之古称，盛产荆木，因此牡荆又名楚荆。

牡荆俗称蔓荆、黄荆，落叶灌木或小乔木，主要生长于我国长江以南区域，如湖南、湖北等地。牡荆多见于山坡及灌木丛中，村人常常砍其枝条作薪。荆条多刺，枝干坚硬，自古为传统刑杖的材料；荆叉也可作为村妇的发钗首饰。

《多能鄙事》中详细记载了用荆叶染制艾褐与荆褐的工艺：染艾褐时，用荆叶一两、明矾一两、皂斗一两、皂矾少许，织物先经明矾前媒染，再浸入浓煎的颜色汁内，最后用皂矾后媒染。染荆褐时，用荆叶五两、明矾二两、皂矾少许，织物先经明矾前媒染，再浸入浓煎的颜色汁内，最后用皂矾后媒染[1]。

通过染色实践发现，荆枝也同样可以用以染褐。将荆枝切成段，煎煮成浓汁，入织物浸染20～25分钟后，再经皂矾后媒染，可染制出绿褐色调。如织物事先经明矾预媒染，入织物浸染20～25分钟后，再经皂矾后媒染，可染制出黄褐色调，色泽明显加浓加深。

1 《多能鄙事》，第 4 卷，第 24-26 页。

晨光中的蓼蓝，摄于申凯旋蓼蓝工作室

后记

这是我撰写的关于中国传统色彩的第二本书。

在提交选题计划时我曾以为，几年间对传统色彩的研习，会让这本书的写作过程比第一本书稿来得稍微轻松些。事实上，我完全错了。随着文献阅读与染色实践的不断深入，本应越来越清晰的事实，反倒变得愈加模糊了。史料记载的只字片语背后隐藏着巨大的谜团，溯本求源的愿望驱动着我强烈的好奇心，使我对本草色彩的迷恋越陷越深。在假设—试验—修正的循环往复中，我感受着自然力的无穷能量，也体验着附加于失败之上的小小惊喜。

对书稿印行的敬畏和对色彩认知的局限，以及2022年春天在上海突发的新冠疫情，令付梓时间一拖再拖。感谢东华大学出版社吴川灵编审对我的信任与鼓励，使这本书稿有幸成为上海文化发展基金会出版资助项目，得以出版发行。感谢《中医药文化》及海外版杂志编辑部主任、常务副主编李海英编审多年来对我的帮助和支持，在海英的引见下，我有幸结识了治学严谨、为人儒雅的赵中振教授。赵教授是拙著的第一位读者，专业的审阅意见和温暖的序言，给予我这个初涉本草的中医外行莫大的鼓舞，我也从赵教授身上感悟到了“终生科研”的重要性。同时，我还要感谢上海中医药大学中药学院院长徐宏喜教授给予本书的专业指导；感谢时常出入染房，甚至时常品尝染液的植物插画师储含，为本书绘制了50幅风格复古的染色本草插图；感谢染者申凯旋为本书提供部分图片，在传统色彩研究之路上能够相互交流分享、结伴而行，实乃幸事；感谢新疆昭苏县科技局的杨亮杰老师，提供了千里之外的染色本草的宝贵影像；感谢我的学生马好帆，在紧张的学习之余，利用节假日校读本草文献；最重要的是，感谢家人好友们长期以来的信任、支持与陪伴。

深入经藏，智慧如海。唯愿在传统色彩研究之路上，不虚光阴，精进修行。

邵旻

2022年春于上海长顺坊

主要参考文献

• 作者不详，郭璞注：《山海经》，涵芬楼本
• （汉）孔安国传、（唐）陆德明音义、孔颖达疏：《尚书注疏》，明嘉靖福建江以达刻版，美国哈佛大学图书馆藏
• （汉）郑玄：《周礼》，明覆元嶽氏刻本
• （汉）史游、（唐）颜师古注：《急就篇》，海盐张氏涉园藏明钞本
• （汉）司马迁、（南朝）裴骃集解、（唐）司马贞补：《史记》，武英殿本
• （汉）刘向：《列仙传》，正统道藏本
• （汉）班固：《四部丛刊初编·白虎通德论》，上海涵芬楼借缪氏莪风堂藏元大德九年重刊宋监本影印
• （汉）孔安国传、（唐）陆德明音义：《四部丛刊初编·尚书》，景乌程刘氏嘉业堂藏宋刊本
• （汉）许慎撰、（宋）徐鉉增释：《说文解字》，四库全书本
• （汉）郑玄注、（唐）孔颖达疏：《礼记注疏》，德国慕尼黑巴伐利亚州图书馆藏
• （汉）郑玄注、（唐）陆德明音义：《礼记》，相台岳氏家塾本
• （汉）司马相如：《司马长卿集》，明代刻本
• （后魏）贾思勰：《齐民要术》，学津讨原本
• （晋）张华撰、（宋）周日用注：《博物志》，士礼居本
• （晋）郭璞：《尔雅》，永怀堂本
• （南北朝）宗懔：《荆楚岁时记》，民国景明宝颜堂秘笈本
• （唐）杜佑：《通典》，北宋本
• （唐）王焘：《外台秘要》，明刻本
• （唐）杨倞注、（清）卢文弨同校、（清）谢墉同校：《荀子》，嘉善谢氏本
• （唐）徐坚等编：《初学记》，明万历刻本，德国慕尼黑巴伐利亚州图书馆藏
• （唐）虞世南辑：《北堂书钞》，北京大学图书馆影印古籍
• （唐）马总辑：《意林》，清抄本
• （宋）陶梦桂：《平塘陶先生诗》，民国宜秋馆刻
• （宋）刘学箕：《方是閒居士小稿》，元至正二十年屏山书院刻本
• （宋）王栐：《燕翼诒谋录》，四库全书本
• （宋）郑樵：《尔雅郑注》，元刻本
• （宋）李昉：《太平广记》，民国景印明嘉靖谈恺刻本
• （宋）赵彦卫：《云麓漫钞》，清咸丰涉闻梓旧本
• （宋）赵汝适：《诸蕃志》，清嘉庆学津讨原本
• （宋）高承：《事物纪原》，四库全书本
• （宋）李昉等编：《太平御览》，宋刊本
• （宋）吴淑撰、（明）华麟祥校：《事类赋》，宋本校刻崇正书院原本剑光阁藏版
• （宋）郑樵：《通志》，摛藻堂四库全书荟要
• （宋）陆佃：《埤雅》，四库全书本
• （宋）唐慎微：《类证本草》，四库全书本
• （宋）陶梦桂：《平塘陶先生诗》，民国宜秋馆刻
• （元）佚名：《居家必用事类全集》，明隆庆二年刊本飞来山人刻本
• （元）欧阳玄：《圭齐文集》，明成化刊本
• （元）胡古愚：《树艺篇》，明纯白斋抄本
• （元）鲁明善：《农桑衣食撮要》，墨海金壶本
• （元）佚名：《调燮类编》，清海山仙馆丛书本
• （元）王祯：《农书》，钦定四库全书版本，浙江大学图书馆影印古籍
• （元）欧阳玄：《圭齐文集》，明成化刊本
• （明）李时珍：《本草纲目》，明万历二十四年金陵胡承龙刻本，美国国会图书馆藏

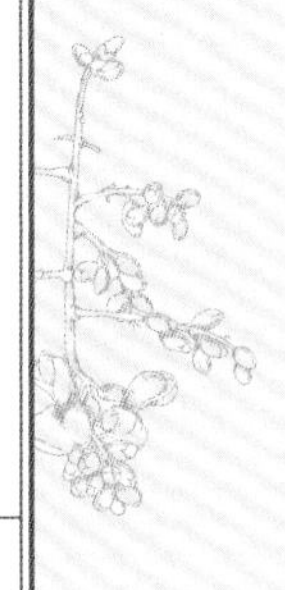

- （明）杨慎：《丹铅总录》，明嘉靖三十三年梁佐校刊本，美国哈佛大学图书馆藏
- （明）宋濂：《篇海类编》，北京大学图书馆影印古籍
- （明）刘基：《多能鄙事》，明嘉靖四十二年范惟一刻本
- （明）方以智：《钦定四库全书·物理小识》，浙江大学图书馆影印古籍
- （明）宋应星：《天工开物》，明崇祯十年涂绍煃刊本
- （明）赵用贤：《大明会典》，明万历内府刻本
- （明）罗颀：《物原》，明嘉靖二十四年李宪刻本
- （明）赵年伯原辑、（明）李登订：《重刊详校篇海》，明万历三十六年赵新盘刻本
- （明）朱橚：《救荒本草》，四库全书本
- （明）章调鼎：《诗经备考》，明崇祯刻本
- （明）屠隆：《考盘余事》，明万历间绣水沈氏刻宝颜堂秘笈本
- （明）张自烈：《正字通》，北京大学图书馆影印古籍
- （明）王世懋：《学圃杂疏》，明万历间绣水沈氏刻宝颜堂秘笈本
- （明）陶宗仪、陶珽：《说郛》，版本不详，哈佛燕京图书馆藏、涵芬楼1927年11月影印版
- （明）刘绩：《三礼图》，四库全书本
- （明）陈耀文：《天中记》，四库全书本
- （明）董斯张：《广博物志》，四库全书本
- （明）郭正域：《皇明典礼志》，明万历四十一年刘汝康刻本
- （明）毛晋编：《津逮秘书》，明汲古阁版
- （明）彭大翼（鼓云举）：《山堂肆考》，梅墅石渠阁藏版
- （明）王圻、王思义辑：《三才图会》，明万历35年刊，德国慕尼黑巴伐利亚州图书馆藏
- （明）徐昭庆辑注、梅鼎祚校阅：《考工记通》，明万历花萼楼藏板
- （明）俞安期编、徐显卿校订：《唐类函》，明万历刻本，德国慕尼黑巴伐利亚州图书馆藏
- （明）高濂：《遵生八笺》，明万历时期雅尚斋刊本
- （清）屈大均 ：《广东新语》，清康熙庚辰年吴江潘耒版，北京大学图书馆影印古籍
- （清）林豪：《光绪澎湖厅志稿》，清光绪十九年刊本
- （清）吴其浚：《植物名实图考》，清道光二十八年陆应谷刻本
- （清）瞿云魁纂修：《乾隆陵水县志》，清乾隆五十七年刻本
- （清）潘廷侯、（清）瞿云魁纂修、郑行顺校订：《康熙陵水县志·乾隆陵水县志》，海南出版社2004年版
- （清）陈梦雷辑、蒋廷锡校补：《古今图书集成》，民国二十三年中华书局影印，经济卷考工典
- （清）张宗法：《三农记》，清乾隆刻本
- （清）张岱：《夜航船》，清钞本
- （清）郝玉麟：《清稗类钞》，民国六年商务印书馆旧版
- （清）陈淏子：《花镜》，清刻本
- （清）应宝时：《同治上海县志》，清同治十一年刊本
- （清）郭云升：《救荒简易书》，清光绪二十二年郭氏刻本
- （清）刘锦藻：《皇朝续文献通考》，清光绪三十一年乌程刘锦藻坚匏龠铅印本
- （清）萨英额：《道光吉林外记》，清光绪渐西村舍本
- （清）胡文英：《屈骚指掌》，清乾隆五十一年刻本
- （清）雷铣修、王棻：《光绪青田县志》，清光绪元年修，民国二十四年重印本
- （清）孙承泽：《春明梦余录》，古香斋袖珍十种古籍影印
- （清）沈家本著、沈厚铎重校：《日南随笔》，北京商务印书馆2017年版
- （民国）符璋、刘绍宽：《民国平阳县志》，民国十四年铅印本
- （民国）严兆霖修、（民国）张玉书纂：《民国望奎县志》，民国八年铅印本
- （民国）关定保修、（民国）于云峰纂：《民国安东县志》，民国二十年铅印本
- （清）张懋建修、赖翰颙纂：《乾隆长泰县志》，民国二十年重刊本
- （清）应宝时：《同治上海县志》，清同治十一年刊本
- [日]吉岗幸雄、福田传士监修：《自然の色を染ぬゐ》，京都紫红社1996年版
- [日]真人元开撰、梁明院校注：《世界著名游记丛书·鉴真和尚东征传》，中国旅游出版社、商务印书馆2016年版
- 刘衡如、刘山永、钱超尘、郑金生编著：《<本草纲目>研究》，华夏出版社2009年版
- 云南省药材公司编：《云南药材精选》，云南科学技术出版社1994年版
- 华梅：《中国历代<舆服志>研究》，商务印书馆2015年版
- 范崔生全国名老中医药专家传承工作室编著：《樟树药帮中药传统炮制法经验集成及饮片图鉴》，2106年版
- 河南省商业厅编著：《河南野生植物的利用：土产部分》，1960年版
- 中国科学院陕西分院生物研究所、西北大学生物系编：《安康地区经济植物》，1960年版